L'INFLUENCE DE LA LUNE

SUR LES CULTURES

ROBERT FRÉDÉRICK

L'INFLUENCE DE LA LUNE

SUR LES CULTURES

LA MAISON RUSTIQUE

ISBN : 2-7066-1418-8
N° d'édition : FX 141801

SOMMAIRE

UN PEU D'ASTRONOMIE 7

Lune, qui es-tu ? 9
Les agressions cosmiques 13
Les phases lunaires apparentes 13
Le clair de lune 16
Positions et hauteurs de la Lune 16
Les éclipses 18
Les phénomènes d'attraction 20
La Lune et l'homme 21

LES TREIZE LUNAISONS DU CALENDRIER LUNAIRE 25

Première lunaison 26
Deuxième lunaison 27
Troisième lunaison 28
Quatrième lunaison 29
Cinquième lunaison 31
Sixième lunaison 32
Septième lunaison 34
Huitième lunaison 35
Neuvième lunaison 36
Dixième lunaison 36
Onzième lunaison 37
Douzième lunaison 37
Treizième lunaison 37

L'INFLUENCE DE LA LUNE SUR LA VIE 39

VIE VÉGÉTALE ET LUMIÈRE LUNAIRE 39

« La lumière crée la vie » 39
Une lumière... douce 40
Dangers de la « lumière de lune » 45
Utilisations de la « lumière de lune » 48

ATTRACTION LUNAIRE ET PULSATIONS DE VIE 52
Croissance et marées 53
La gravitation et ses modifications 59
Les plantes aquatiques 61
LIGNES D'ÉNERGIE ET CHAMPS MAGNÉTIQUES 63
Un champ magnétique perturbé 63
LUNE, ASTROLOGIE ET VIE VÉGÉTALE 66
Astrologie et rythmes lunaires 67
Les « fenêtres lunaires » 71

LA LUNE ET LES TRAVAUX DE LA TERRE 73
CÉRÉALES ET PLANTES FOURRAGÈRES 73
Le froment 74
Céréales européennes secondaires 75
Le maïs et le riz 76
Cultures fourragères 78
ARBRES FORESTIERS 81
ARBRES FRUITIERS 87
LA LUNE ET LE POTAGER 92
Légumes sensibles à la lune 93
Plantes condimentaires 95
Petits fruits rouges et bleus 97
Essences fruitières méridionales 99
PLANTES À FLEURS 101
LA VIGNE 123
VÉGÉTAUX EXTRAORDINAIRES 124

LES CALENDRIERS DU JARDINIER 127
TRAVAUX DU JARDIN POTAGER 127
LA LUNE COMMANDE AU JARDINIER 143
Jardin fruitier 143
Jardin d'ornement 147
Pépinière 155
Serre sur les plantes ornementales 157

CONCLUSION
LES FASTES DE LA LUNE 159

UN PEU D'ASTRONOMIE

L'Univers compte des millions de galaxies (ou amas d'étoiles) connues, ayant la forme d'une soucoupe ovale renflée en son centre. Chacune d'elles contient plusieurs centaines de milliers de systèmes d'étoiles. Nous en découvrons chaque année grâce aux instruments d'optique et au satellite *Hubble*.

Le monde solaire est l'un de ces systèmes, presque à la périphérie d'une galaxie baptisée « Voie lactée », à l'intérieur d'un univers sphérique dont il est difficile de concevoir les dimensions. Pour imaginer l'ordre de grandeur, convenons que, la Terre étant vide et représentant l'univers, la galaxie de la Voie lactée est figurée par une soucoupe à dessert, tournant sur elle-même et située à quelque 200 km sous Paris, sur le rayon de la sphère. La galaxie la plus proche, dix fois plus grande, se trouve à l'aplomb et sous Strasbourg. Au sein de la Voie lactée, le monde solaire est un grain de sable. Le Soleil est l'une des étoiles les plus petites, ternes et froides que nous connaissions. Dans l'image que nous venons de considérer, les dimensions des planètes et de la Lune sont infinitésimales, non visibles à l'œil nu. Inutile de nous donner trop d'importance : l'influence du monde solaire, du Soleil, de la Terre sur l'extérieur est faible.

De l'espace, depuis la Lune par exemple, on voit la Terre refléter la lumière qu'elle reçoit de son étoile, le Soleil. Cet univers prétendu vide avec, de temps à autre, une galaxie, un nuage de poussières cosmiques d'où naîtront de nouvelles étoiles, est agité. Des rayonnements de toutes sortes se croisent et s'enchevêtrent. Ce sont les rayonnements lumineux de tous ces astres que nous devrions voir au firmament par une nuit de nouvelle lune.

Nous ressentons les rayonnements thermiques du Soleil. Ceux des étoiles lointaines nous parviennent infiniment amoindris. Nous subissons toutes sortes de bombardements dans les gammes des rayons X, des rayons gamma, dans les domaines électro-magnétiques et autres. Tout ce qui dans l'univers est chaud émet de la lumière. Cela traduit une intense activité au sein de chacun des minuscules atomes dont sa matière, par milliards de milliards, est formée. La gravitation universelle est la colle qui retient le puzzle.

Les fruits du progrès sont venus compliquer cet écheveau d'influences, cumulées ou contrariées. Quand un quadri-réacteur freine en atterrissant à Roissy-en-France, l'aiguille des enregistreurs du Centre de séismologie de Strasbourg accuse un petit saut. De la Lune, des détecteurs mentionneraient un imperceptible frisson de la Terre. Construire une usine ou un groupe d'immeubles, une autoroute ou une voie ferrée, un relais hertzien, une ligne à haute tension, c'est modifier l'équilibre local des masses et des matériaux naturels. C'est bouleverser le champ électromagnétique local.

Au niveau de la Terre, ces facteurs sont d'importance variable. Ils évoluent souvent, selon la formule des physiciens, au « rythme du carré inverse de leur distance ». D'énormes étoiles, comme Antarès de la constellation du Scorpion, ou des « systèmes », tels Rigel et Bételgeuse, les magnifiques étoiles de la constellation d'Orion, sont celles qui émettent le plus de rayonnements. Mais ces facteurs d'influence sont éloignés.

Petite étoile sans grand intérêt par rapport à tant d'autres, le Soleil a pour nous beaucoup d'importance : il nous éclaire, il nous chauffe et nous trouble chaque fois qu'il subit la fièvre de ses « taches ». Elles déterminent crises cardiaques et nerveuses, accidents plus fréquents, affolement chez les animaux, fanaison ou mort brutale de plantes ou de fleurs.

L'objet le plus marquant que vous voyez dans le ciel est paradoxalement la Lune. Aucun rayonnement n'est issu de cet astre mort. C'est pourtant lui qui régit l'essentiel des différents rayonnements et influences que nous subissons. De tout temps, la Lune a été l'ange bénéfique ou le bouc émissaire. Aujourd'hui encore, l'homme, ignorant les mécanismes célestes, associe les phénomènes qu'il constate à ses cycles. Les loups hurlant à la mort, la folie des lemmings de Scandinavie, petits rongeurs courant par milliers sur des centaines de kilomètres pour aller se jeter à la mer du haut d'une falaise, les bourgeons brûlés par une subite gelée, la mort brutale d'un olivier millé-

LUMIÈRE ET RAYONNEMENTS

Sa longueur d'onde et la relativement faible énergie qu'elle véhicule font que la lumière visible (celle, blanche, dispensée par le Soleil, et celle, plus ténue, venant de la Lune) réagit avec les électrons périphériques des atomes qu'elle percute.
C'est l'agitation qui nous permet de voir la forme et la couleur de toutes choses. En revanche, les rayons X qui nous parviennent directement du Soleil (heureusement très atténués) et de la Lune (encore plus faibles) sont aussi des ondes électromagnétiques mais très courtes, et dispensant une énergie colossale, si puissante qu'elles peuvent traverser les atomes et les molécules sans aucune collision avec les électrons ou les noyaux qu'elles traversent sans phénomène particulier, sinon de nous permetre de voir l'intérieur de la matière.

naire, une fleur de tournesol qui baisse la tête au lieu de regarder le Soleil : c'est « la faute à la Lune » ! Légendes, usages, traditions sont empreints de cette « fatalité » qu'on a cherché à codifier afin de se prémunir contre elle, voire d'un tirer avantage. Ce sont ces rapports de cause à effet que nous nous proposons d'étudier.

Si l'on excepte une trentaine de rayonnements « extérieurs » catalogués, dont les rayonnements cosmiques corpusculaires qui mitraillent en permanence la Terre à une cadence folle (environ 6 milliards de projectiles par seconde), le Soleil est l'agent essentiel de ce que nous recevons et subissons. Ces données de base doivent être présentes à l'esprit pour comprendre les « effets » et « conséquences » générés par la Lune.

LUNE, QUI ES-TU ?

Qu'est-ce donc que ce globe familier auquel nous ne prêtons plus aujourd'hui qu'une discrète attention ? Depuis la création du système solaire, il y a quelque 4,9 milliards d'années, elle est notre compagne fidèle, notre unique satellite naturel. D'autres planètes possèdent aussi des compagnons, deux pour Mars (Phobos et Deimos), onze pour Jupiter, plusieurs aussi pour Saturne, Uranus, Neptune. C'est donc là un fait planétaire tout à fait banal.

La Lune est une sphère à peu près parfaite. Son diamètre est de 3 473 km, soit un peu plus du quart du diamètre de la Terre. Elle circule sur son orbite elliptique à la vitesse de 1,02 km par seconde et la boucle en 27 jours, 7 heures, 43 minutes et 11,5 secondes.

Du moins s'agit-il là de données moyennes, car tout vibre dans l'univers, mille influences se rejoignent, se croisent, s'ajoutent, se retranchent, généralement de manière infime. Sur son orbite, la Lune passe au plus près de nous à 356 430 km (périgée) et au plus loin à 406 720 km (apogée). Sa dimension nous paraît donc varier. Nous le constatons à l'œil nu. La Lune est légère : sa masse (le rapport poids / volume) n'est que la 81e partie de celle de la Terre.

Notre planète, la Terre, est entourée d'une masse atmosphérique importante, qui atténue le choc des corps et rayonnements venant de l'espace. Le sol en absorbe une partie et le reste est renvoyé tous azimuts. Quant aux petites météorites, qui voyagent souvent groupées en faisceaux dans le « relativement vide interstellaire », elles se consument en se frottant aux molécules de l'air, provoquant ce très beau phénomène céleste que nous appelons, à tort, « étoiles filantes ». En revanche, rien ne protège la Lune : elle ne possède pas d'atmosphère ; tout la crible et pénètre plus ou moins profondément sa surface. Son sol absorbant moins de rayonnements que celui de la Terre, elle en renvoie donc davantage autour d'elle et accroît sensiblement ceux que nous recevons.

A l'œil nu, nous distinguons, sur la Lune, des étendues pâles et d'autres plus ou moins sombres. Depuis des siècles, l'homme a voulu y voir, respectivement, des mers et des continents, à l'exemple de ce qu'il en est sur Terre. Nous savons aujourd'hui qu'il n'en est rien. D'abord, le perfectionnement de nos instruments d'optique, puis les satellites artificiels placés en orbite lunaire, et enfin les astronautes américains qui ont foulé le sol de la Lune nous ont appris que rien n'y est liquide. Il n'y a pas d'eau, seulement des roches de compositions variées et des poussières. Ces dernières proviennent, sans doute, de roches éclatées, morcelées, brisées, fragmentées, réduites en poudre par des percussions météoritiques continues, encore que les bombardements de corps solides cosmiques soient actuellement assez rares. Ils atteignirent leur plus forte intensité il y a environ 4 à 3,4 milliards d'années.

Les composants des roches sont en tous points semblables à ceux que nous connaissons sur Terre : silicium, aluminium, magnésium et même des éléments radioactifs, comme l'uranium, le thorium, le potassium 40. Ce sont leurs pourcentages qui diffèrent : par exemple, le fer est, curieusement, beaucoup moins abondant que sur Terre (à peine le tiers) sans que nous puissions expliquer ce fait. Les roches métamorphiques, à cristaux de feldspath, d'olivine, de pyroxène, prouvent, ainsi que l'abondance des basaltes, une origine

LA LOI DE NEWTON

C'est le physicien anglais Newton (1642-1727) qui a découvert et formulé la loi de la gravitation : deux points matériels quelconques s'attirent en fonction directe de leurs masses et en fonction inverse de leurs distances.
Cette loi s'applique à tous les corps célestes, comme la Terre, la Lune, le Soleil.
Elle s'applique aussi à toutes les molécules (groupements d'atomes divers) de ces corps, qu'ils soient solides, liquides ou gazeux, qu'ils soient inanimés et apparemment immobiles (le monde minéral), ou doués de vie (le monde végétal et animal, dont l'homme).
Selon la loi de Newton, la Terre et la Lune s'attirent autour d'un centre de gravité commun qui, compte tenu de leur masse respective et de la distance variable les séparant, se situe à l'intérieur de la Terre, à environ 3/4 du rayon de celle-ci.
Il en résulte une force centrifuge.
Les molécules inanimées ou vivantes de la Terre, situées du côté de la Lune, donc plus proches du centre de gravité, sont davantage attirées que celles se situant à l'opposé.
Mais ces dernières connaissent aussi une attraction.
La Terre tournant sur elle-même en à peu près 24 heures, il en résulte le phénomène des marées ; généralement, deux flux et deux reflux, en moyenne, par jour, avec quelques exceptions dans le Pacifique.

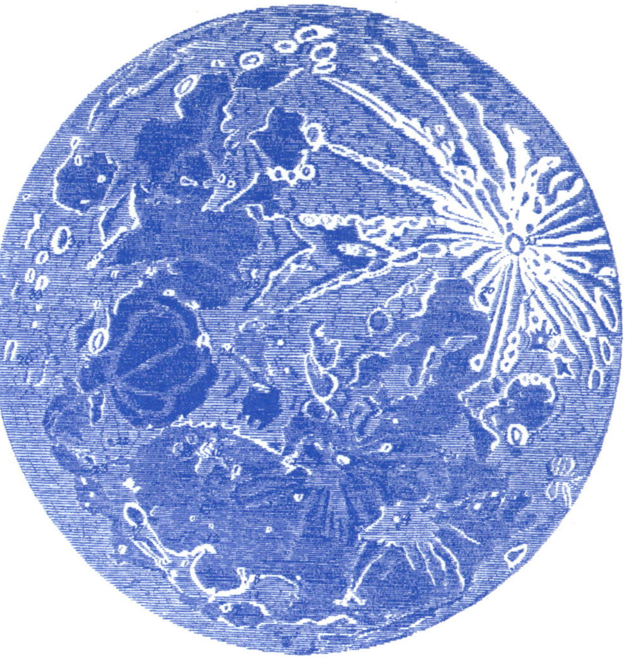

ignée. Sans aucun doute, la Lune est de la même origine que la Terre. Mais quelle est-elle ?

Certains ont pensé qu'une collision cosmique aurait arraché une bonne partie de la croûte terrestre et du magma sous-jacent, la cicatrice de cette amputation n'étant autre que l'actuel bassin de l'océan Pacifique. Hypothèse qui ne résiste pas à l'analyse : les masses en jeu auraient fait éclater notre planète en mille morceaux. Une seconde hypothèse imagine la formation, au début de l'allumage thermonucléaire du Soleil, d'une double sphère gravitant à environ 150 millions de km du Soleil, l'actuelle orbite de la Terre, la plus petite de ces deux sphères finissant par se faire piéger par la plus grosse. La différence de teneur en fer, entre autres non-concordances de composés minéraux, infirme cette théorie. Il est en revanche possible qu'une petite masse en feu, traversant le système solaire en gestation, se soit fait gravitationnellement piéger par une sphère plus importante, devenue la Terre.

La Lune n'a jamais connu l'eau. Elle est constituée de couches superposées à partir de son centre, de plus en plus visqueuses en s'en rapprochant, ainsi qu'il en est pour notre Terre. Mais son noyau central ne saurait être comparé au « nife » terrestre, fait d'une masse de fer et de nickel.

Les sismographes déposés sur la Lune par les missions Apollo ont détecté de mini-tremblements… de lune à des profondeurs allant de 50 à 900 km sous sa surface. Pas plus que les neuf planètes du système solaire et leurs nombreux satellites naturels, la Lune n'est stabilisée. Elle « vit » toujours. Et elle nous le prouve. Non contente de jouer un rôle de miroir, réfléchissant sur nous les divers rayonnements qu'elle reçoit, elle ajoute les ondes de sa propre radioactivité et celles que sa surface transforme après en avoir absorbé plus ou moins d'énergie. Elle nous réfléchit même une petite partie de la lumière que nous lui envoyons lors de superbes « clairs de terre », admirés par les astronautes qui ont foulé le sol sélénien et dont ils conservent la nostalgie.

Si nous nous interrogeons toujours sur l'origine exacte de la Lune, du moins connaissons-nous mieux la nature et la quantité des ondes qui en émanent et que nous recevons. Elles sont extrêmement variées. On y remarque des rayons gamma d'une énergie comprise entre 0,55 et 2,75 mégaélectronvolts, soit une radioactivité à peu près identique à celle émise par la croûte terrestre. On y décèle également de curieux rayonnements « X », reçus du Soleil et re-émis par fluorescence de certains composés minéraux du sol sélénien.

Les ondes qui, de part et d'autre du spectre de la lumière blanche, nous viennent du Soleil par l'intermédiaire de la Lune, constituent donc un ensemble à la fois très divers et fort important. Leur influence sur les formes vivantes réparties sur la Terre ne saurait être sous-estimée. Toutes les civilisations évoluées qui, pendant huit millénaires, ont précédé la nôtre, des terres de Chine à celles du Mexique, des vallées de Mésopotamie à celle du Nil et à l'Altiplano péruvien, connaissaient, empiriquement, cette influence et savaient même, plus ou moins, l'expliquer. Et si nous remontons plus loin dans le temps, nous pouvons penser que nos ancêtres du Néandertalien, puis de l'âge de Cro-Magnon en avaient, eux aussi, une connaissance empirique.

TERRE ET LUNE NE TOURNENT PAS AU MÊME RYTHME

Terre et Lune ne tournent pas au même rythme. Lorsque la Terre a tourné pendant 24 heures, la Lune, elle, n'a bougé que de 13° sur les 360° qui la ramènent au même point fictif. Il en résulte que pour qu'un même point de la Lune soit au-dessus d'un même point de la Terre, il s'écoule quelques minutes de plus. Ce temps vrai régit le rythme des marées.

Chaque jour, flux et reflux se décalent légèrement par rapport à notre écoulement du temps.

Il semble que leur vie nomade se basait, en partie, sur les phases de la Lune et sur l'orientation de tel site, de telle grotte. Ce savoir, dû à l'observation des rapports de causes à effets, ne fait plus de doute lorsque l'on sait qu'il y a environ 9 à 12 000 ans, sachant domestiquer les végétaux nécessaires à leur survie, passant du stade de la « cueillette » à celui de l'agriculture, ils abandonnèrent leur vie nomade pour se fixer à la meilleure terre susceptible de les nourrir.

LES AGRESSIONS COSMIQUES

Des milliards de rayons cosmiques nous assaillent chaque seconde, nous traversent et passent de part et d'autre de la Terre sans rien percuter. Ils rencontrent du vide. Moins de mille, par jour, entrent en collision avec un élément d'atome (électron, proton ou neutron). Ils provoquent d'infimes « dégâts », inopérants au-delà du point d'impact.

Dans un autre sens, tous les rythmes auxquels tout être vivant est assujetti sur Terre – rythmes climatiques, météorologiques, électromagnétiques (tensions d'orages, entre autres), des marées, des jours et des nuits, etc. – réagissent à la moindre des variations d'un seul des facteurs.

Les êtres vivants subissant ces rythmes sont d'une sensibilité extrême à l'environnement. La moindre modification de la pression de l'air, le plus petit changement thermique, hygrométrique, magnétique, les marquent. Nous commençons à pouvoir tenter d'expliquer, scientifiquement, ce que l'homme a constaté depuis des millénaires. Il est normal que tout se rapporte à la Lune. C'est le corps le plus proche de nous dans notre ciel. C'est le plus gros en apparence, celui dont les phases peuvent être observées en un temps très court : quatre semaines.

En Chine, en Égypte, des « Conseils pour les cultures », vieux de plus de 4 000 ans, expliquent beaucoup de choses par les phases lunaires. Les savants des pharaons et des empereurs du « Céleste Empire » savaient aussi que le rythme des marées concernait les eaux (mers et océans), les masses continentales et tout corps vivant (homme, animal, arbre, herbe)! Ils avaient remarqué certains « états exceptionnels » en rapport avec la Lune lors des équinoxes, des solstices, de passages de météores et de comètes.

LES PHASES LUNAIRES APPARENTES

Nous voyons la Lune en fonction des parties de sa surface éclairées par le Soleil. Elle nous présente toujours la même face, à quelques franges près sur la périphérie équatoriale de son disque apparent. Sa position dans l'espace, par rapport au Soleil, détermine, pour nous, ses phases.

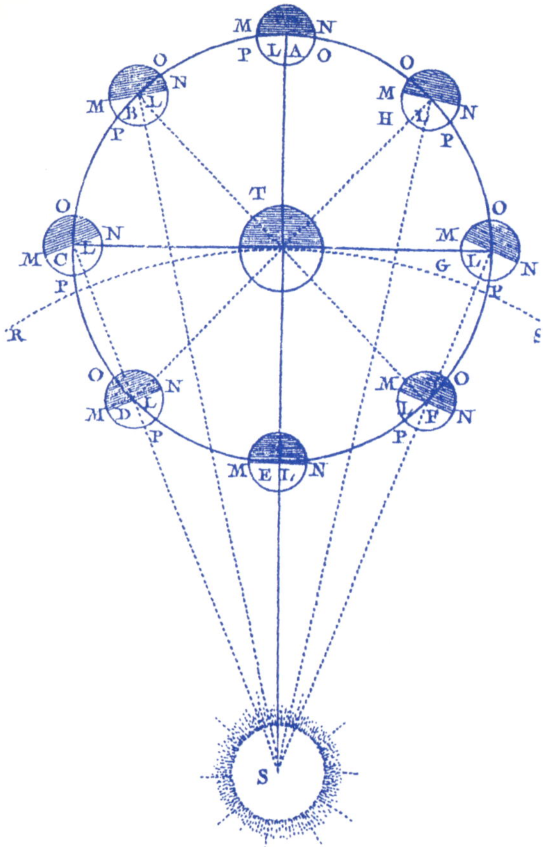

NOUVELLE LUNE

C'est la moitié obscure de la Lune qui nous fait face. La Lune est invisible. Des rayonnements infimes filtrent tout au long de son disque, à partir des franges éclairées de l'autre face. Certaines radiations tangentent ce disque et sont perceptibles.

PREMIER QUARTIER

Puis la position respective des trois astres change. Ils rompent l'alignement. Le croissant visible de la Lune s'élargit. Après une semaine, il représente un quart de sphère ou une demi-circonférence.

PLEINE LUNE

Le côté de la Lune qui se trouve face à nous est éclairé. Le clair de lune est à son intensité maximale.

DERNIER QUARTIER

La superficie lunaire que nous voyons, éclairée, diminue et passe par un quart de sphère avant d'évoluer vers une nouvelle lune. Lorsque le croissant lumineux s'amorce, après la nouvelle lune, ou se rétrécit, après la pleine lune, le phénomène dit de « lumière cendrée » rend perceptible à l'œil tout ou partie du disque non éclairé. En fait, c'est le « clair de terre » qui se réfléchit sur la Lune et l'éclaire.

Les phases de la Terre, vues de la Lune et telles que les astronautes américains du programme Apollo ont pu les admirer, sont inversées. Lorsque la Lune est nouvelle vue de la Terre, c'est une « pleine terre » vue de la Lune, un immense globe aux tonalités bleues, d'autant plus brillant que sont importants les nuages masquant sa surface. Lorsque nous voyons la pleine lune, notre planète est invisible de la Lune. C'est la « nouvelle terre ».

Du fait de son léger balancement et des reliefs marquant les bords du disque visible, la Lune nous montre environ 60 % de sa superficie. Elle est aussi assez proche de nous pour que, d'un point à un autre de la Terre exposés en même temps au clair de lune, on aperçoive des détails précis de son relief sous des angles différents.

Les « mers lunaires », vastes lacs de poussière, et les « montagnes de la Lune » absorbent et réfléchissent peu de lumière solaire. Il en découle des variations de la luminosité que nous recevons. Ces variations agissent sur les plantes.

L'INFLUENCE DE LA GRAVITATION

On a remarqué que l'influence de la gravitation, de la marée sur les molécules constituantes des corps solides, liquides ou gazeux, n'est pas régulièrement progressive entre un flux et un reflux, ou l'inverse. Les moments de plus fortes croissances ou décroissances se situent au milieu des phases. Si l'on divise l'influence gravitationnelle en douze parties égales, il s'en écoulera une durant la première heure, deux pendant la seconde heure, trois pendant la troisième heure, autant durant la quatrième heure, deux durant la cinquième heure et une durant la sixième heure.

Cette variation, en fait très importante, agit principalement sur les flux de sève et sur la capacité des bourgeons à se développer.

LE CLAIR DE LUNE

Il est relativement faible car la Lune est un sol terne. Le sol lunaire absorbe 93 % de la lumière qu'il reçoit du Soleil. Quant aux 7 % qu'il réfléchit vers nous dans l'espace, il les renvoie altérés. Une loi d'optique veut que l'apparente illumination d'un corps solide soit d'autant plus faible que les rayonnements reçus arrivent plus obliquement. Un « quart de lune », pour une surface moitié moindre, éclaire douze fois moins la Terre qu'une pleine lune.

Du fait du relief lunaire, de la distribution des « mers » et des « montagnes » sur la demi-sphère qui nous fait face, le « dernier quartier » est moins lumineux que le « premier quartier ». En phase de pleine lune, le clair de lune dispense à la Terre, sur un plan perpendiculaire à lui, un rayonnement de 0,25 lux (unité d'éclairement). Il équivaut à celui d'une ampoule de 40 watts placée à environ 15 m.

La lumière réfléchie par la Lune nous paraît bleuâtre et nimbe la nature de bleus et de violets. C'est pourtant en contradiction avec les faits. Tous les poètes et artistes ont ainsi vu la Lune en raison des imperfections de l'œil humain. Celui-ci est d'autant plus sensible aux radiations bleues et moins aux radiations rouges du spectre que la luminosité diminue.

POSITIONS ET HAUTEURS DE LA LUNE

Suivant les saisons, nous voyons la Lune plus ou moins haute ou basse. C'est que le plan d'évolution de la Lune autour de la Terre fait un angle de 5° 8' avec le nôtre. Les modifications de position de la Lune par rapport à nous sont motivées par les perturbations de son orbite. La Lune parcourt une ellipse autour de la Terre. Mais cette ellipse tourne, lentement, sur elle-même, en 3 292 jours, soit en 8 ans, 10 mois et 5 jours. Ce cycle détermine une autre révolution de la Lune, dite « révolution anomalistique », qui est de 27 jours, 13 heures et 18 minutes.

BALLE, BILLE ET GRAINE

Pour avoir une idée des masses en présence, imaginons que la Terre soit une bille d'enfant de 1,27 cm de diamètre. Le Soleil serait un énorme ballon de 1,39 m de diamètre situé à 250 m de la bille. Et la Lune, une petite graine d'un diamètre de 3,4 mm, placée à 38 cm de la bille et tournant autour d'elle !

La « révolution draconitique », de 27 jours, 5 heures et 5 minutes, résulte du cycle de 180 ans et 220 jours que met la « ligne des nœuds » du balancement de la Lune sur son orbite, du fait de l'angle des deux plans, terrestre et lunaire, à revenir au même point par rapport à l'horizon. Ce mouvement est d'ailleurs accéléré ou ralenti selon une période de 173 jours et oscille de plus ou moins 8 minutes d'arc, par rapport à l'angle de base. Un autre mouvement, dit « dévection », peut écarter la Lune de 1°16′ par rapport à sa phase normale, et ce tous les 31,811 jours. Le mouvement dit de « grande inégalité de latitude » d'un rythme de 32,28 jours, avec une variation de 15 jours, est lui aussi intéressant.

Quant à l' « équation annuelle », dont l'ampleur peut atteindre 1 minute, l'« équation du centre », qui avance ou retarde la Lune sur son orbite, l'« inégalité parallactique », etc., ce sont des perturbations que seuls saisissent les astronomes et nos ordinateurs spécialisés et qui modifient les influences de la Lune sur la Terre. On a enregistré plus de cinq cents varia-

L'INCLINAISON DE LA TERRE

La Terre ne tourne pas exactement autour de l'axe de ses pôles.
Par rapport à cet axe, elle est inclinée d'un angle de 23° 27'. Cette inclinaison est bénéfique pour toutes les formes de vie. Elle détermine sur notre planète des lignes imaginaires, appelées cercles polaires arctique et antarctique autour des pôles, tropiques du Cancer et du Capricorne de part et d'autre de l'équateur, lui-même diamètre perpendiculaire à l'axe des pôles.
Suivant les saisons, c'est entre ces lignes que varie la hauteur maximale du soleil sur l'horizon.
Si l'on excepte les zones polaires extrêmes, la durée du jour sur Terre varie, répartissant au mieux la distribution de l'énergie solaire, notamment lumineuse et thermique.
Le plus haut zénith solaire oscillant entre les deux tropiques passe les 22 mars et 22 septembre dans le plan de l'équateur. Ces deux positions particulières déterminent la période des grandes marées, celles atteignant les plus forts coefficients, d'environ 110 avec des différences de hauteur entre le flux et le reflux d'une douzaine de mètres, par exemple dans la baie du Mont-Saint-Michel.
C'est cette inclinaison de la Terre sur son orbite, l'écliptique, qui génère les saisons. Tous les êtres vivants existent en fonction de ce rythme.
Toutefois, si l'homme et certains animaux vivent en conscience les quatre saisons de l'année, le monde végétal ne connaît que deux périodes de six mois. Pour une plante, l'année se divise en deux périodes égales.
Celle durant laquelle la longueur du jour augmente, du 22 décembre au 22 juin dans l'hémisphère Nord, et celle pendant laquelle la durée du jour diminue, du 22 juin au 22 décembre.
Ces données sont inverses dans l'hémisphère Sud.

tions des rythmes lunaires, assez importantes pour qu'il faille en tenir compte ! Et l'on en connaît une soixantaine d'autres, moins importantes mais auxquelles sont sensibles certains animaux et la plupart des végétaux.

Du fait d'une usure de son orbite, la Lune accélère sa course autour de nous d'une vitesse de 12″ d'arc par siècle : tous les 100 ans, elle prend une avance de 22 km ! Sur son orbite, la Lune court, pour nous, à une vitesse d'à peu près 1 km / seconde, avançant chaque jour de 13° 10′, soit de 26 fois son diamètre apparent.

Autre phénomène important, celui de « libération » : la Lune se balance un peu, selon deux plans.

LES ÉCLIPSES

Derrière elle, dans l'espace, la Terre détermine un cône d'ombre. Il y a éclipse de lune totale ou partielle lorsque tout ou partie de la surface éclairée de la Lune par rapport à nous est occultée par ce cône d'ombre. Il y a éclipse de Soleil quand la Lune s'interpose entre notre étoile et nous ; elle nous présente alors sa face habituelle comme éteinte, le Soleil éclairant sa face cachée. Ce phénomène, d'autant plus spectaculaire qu'il tend vers l'éclipse totale, a toujours beaucoup impressionné les hommes. Par l'étude des divers plans et angles que font entre eux les trois corps concernés (Soleil, Terre et Lune), nous savons, avec précision, prévoir les éclipses. Il y a 3 500 ans, les astronomes égyptiens et chinois y parvenaient.

Selon les saisons, le Soleil nous apparaît sous un angle variant de 31′ 28″ à 32′ 26″. Dans le même temps, l'angle lunaire varie de 29′ 22″ à 33′ 26″. Le plan de l'écliptique d'évolution de la Terre autour du Soleil est de 23°. Le plan d'évolution de la Lune autour de la Terre fait avec le nôtre un angle de 5°8′43″. D'où une droite de recoupements : ligne des nœuds et des ventres d'écarts maximaux.

De la conjonction géométrique de tous ces angles divers dépendent les situations d'éclipse de la Lune et du Soleil vues de la Terre et de Terre vues de la Lune, avec des éclipses solaires plus importantes et spectaculaires qu'elles ne le sont pour nous.

Vues de la Terre, on connaît trois sortes d'éclipses possibles :

ÉCLIPSE TOTALE DE SOLEIL

La Lune s'interpose entre le Soleil et nous, en plein jour, et nous cache le disque solaire. Une telle éclipse, très spectaculaire, est visible de la Terre au long d'une bande assez étroite. Toute la couronne des gaz enflammés entourant le Soleil est apparente autour du disque de la Lune, nous montrant ses spirales d'éruption, ses explosions, ses « trous » de vapeur. Il en découle des rayonnements très particuliers et des influences très spéciales pour les régions exposées.

ÉCLIPSE ANNULAIRE DE SOLEIL

La Lune s'interpose entre le Soleil et nous, de façon à cacher le centre de l'étoile. Celle-ci est visible tout autour, sous la forme d'un anneau étincelant aux rayonnements différents, pour nous, de ceux du disque complet.

ÉCLIPSE PARTIELLE DE SOLEIL

La Lune s'interpose entre le Soleil et nous et en cache une partie, plus ou moins importante. Les mêmes types d'éclipse peuvent concerner la Lune lorsqu'elle se trouve dans l'alignement, derrière la Terre par rapport au Soleil. Il y a trois à quatre fois plus d'éclipses de Lune que de Soleil. Et un maximum annuel de sept éclipses, qui peuvent être totales ou partielles selon les lieux.

Il y a 4000 ans, les Chaldéens, étudiant les passages de la Lune et le rythme des éclipses, avaient remarqué un rythme dans la succession de ces éclipses. Ils en firent le « Saros », ou période de 18 ans, 11 jours et 8 heures. Nous avons vérifié, depuis, qu'il correspond au commun multiple, à une heure près, de la révolution draconitique ramenant la ligne des nœuds dans

LE SOLEIL

Le Soleil est une masse énorme mais il est (heureusement !) très éloigné de nous, d'environ 150 millions de km. La pression de gravitation qu'il exerce sur la Terre n'est que d'environ les 9/20e de celle exercée par la Lune.
Les deux forces, lunaire et solaire, s'ajoutent quand les trois astres sont en ligne droite : phase de pleine lune et de nouvelle lune.
Ce sont les grandes marées, dites de vives-eaux.

Lorsque la Lune est en position perpendiculaire par rapport à la ligne Soleil/Terre (phases de premier et dernier quartiers), les attractions solaire et lunaire s'opposent, se soustraient.
On est en période de petites marées, de mortes-eaux.

la même position, et de la révolution synodique. 242 révolutions draconitiques égalent 223 révolutions synodiques. Après un « Saros», la position de la ligne des nœuds et celle du Soleil par rapport à la Terre se retrouvent semblables.

LES PHÉNOMÈNES D'ATTRACTION

PRINCIPE GÉNÉRAL

Dans l'espace, toute masse (sphères ou autre) formant un tout demeure agglomérée du fait de la gravitation universelle. La force d'attraction du Soleil maintient en position orbitale autour de lui tous les corps (planètes, astéroïdes du système solaire).
La force d'attraction de la Terre maintient en place, autour d'elle, la Lune, satellite naturel unique de notre globe, et tous les satellites artificiels récents. Mais si l'attraction du Soleil domine le monde de ses planètes, celles-ci ont, en retour, une influence d'attraction sur lui, faible mais réelle. De même, si la Terre retient la Lune prisonnière de son champ de gravitation, celle-ci nous perturbe de son attraction propre.

A ces échanges de forces opposées, la Terre comme la Lune doivent ajouter les influences attractives des planètes voisines, Vénus et Mars, et surtout celles des géantes du système solaire, Jupiter et Saturne, ainsi que les influences plus brèves mais connues des corps cosmiques fugitifs (comètes, astéroïdes), qui viennent tourner près de nous et repartent, rejetés vers l'extérieur comme par une fronde.

SOLEIL, TERRE ET LUNE

Ce sont ces phénomènes d'attraction qui déterminent les marées, que la lune, par la proximité de sa masse, régit à 90 %. Pour en prévoir les amplitudes et périodicités, on utilise les « Tables d'éphémérides nautiques », destinées aux marins, pêcheurs, etc. La Lune réduit ou amplifie ces jeux de forces célestes selon sa position dans le ciel.

Trois cas principaux peuvent se présenter : syzygie de conjonction, syzygie d'opposition et quadrature. En quadrature, la Terre forme un angle droit avec la Lune et le Soleil. En syzygie, le Soleil, la Terre et la Lune sont situés sur une même ligne dans l'espace. Nous la dirons « droite » pour simplifier l'image.

– Si la Lune est située entre le Soleil et la Terre, cas de nouvelle lune, les forces d'attraction de la Lune et du Soleil s'ajoutent. Elles sont naturellement perçues plus vivement sur la face terrestre qui, à un moment donné, est exposée à la Lune. C'est la situation de conjonction, de vives-eaux, de grandes marées.

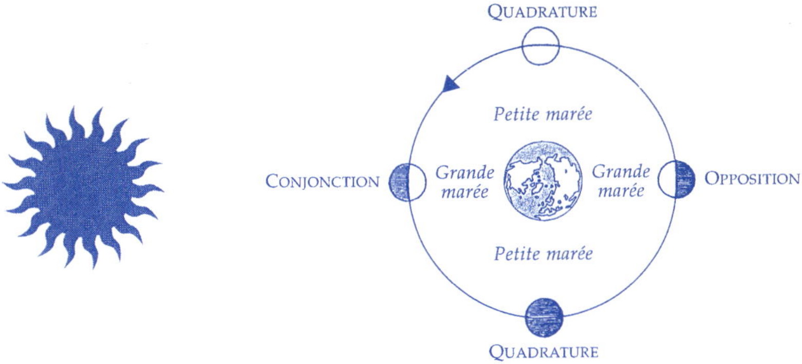

– Si la Lune est située sur la droite de syzygie à l'opposé du Soleil par rapport à la Terre, il y a opposition de forces d'attraction respectives. Lune et Soleil se contrarient, avec des densités variables selon qu'on considère des points situés sur les faces exposées au Soleil ou à la Lune. Les marées de mortes-eaux sont plus ou moins sensibles. Nous sommes alors en période de pleine lune.
– Aux époques de quartiers de lune, la Lune, la Terre et le Soleil forment un angle droit au niveau de la Terre. Les deux forces d'attraction de la Lune et du Soleil s'amalgament, se conjuguent et se contrarient.

Mais ce tableau, mécanique, de l'origine des marées serait trop simple s'il se répercutait directement sur les éléments plastiques de notre Terre ! Les marées sont relativement indépendantes en temps et en amplitude des influences d'attractions qui les déterminent. Des résonances perturbatrices jouent, selon la configuration des masses marines et des côtes. Même par temps très calme, la surface de la mer n'est jamais « plate » ou « courbe » selon la courbure terrestre. Elle oscille en ventres et creux de marées qui font qu'en Manche par exemple, dans une même région soumise à des attractions identiques, la mer est haute sur les côtes de France mais basse sur celles d'Angleterre ! Il en est de même des masses continentales en des points très proches l'un de l'autre, d'où d'importants phénomènes de pressions et d'étirements. Dans l'océan Pacifique, il n'y a qu'une seule marée par jour.

LA LUNE ET L'HOMME

C'est le rythme de croissance puis de décroissance du disque lunaire qui, dès les premiers temps, a impressionné l'homme. Mille légendes en font état, ainsi que des habitudes tribales et des cultes, plus ou moins digérés ensuite par les grandes religions. L'Islam fait ainsi débuter le mois avec le premier minuscule croissant suivant la nouvelle lune.

Durant l'Antiquité, tous les savants observèrent la Lune et ses effets. L'astronome grec Méton fut l'un des premiers à remarquer le cycle de dix-neuf ans, soit 236 lunaisons, qui ramène pratiquement les mêmes phases de la Lune aux mêmes dates. Méton annonça cette découverte lors des jeux Olympiques en 433 avant Jésus-Christ. Aristote, les astronomes arabes, Copernic puis Galilée ont fait aussi progresser la connaissance lunaire. Ils ont signalé les conséquences sur la vie des hommes, des animaux et des plantes qui lui sont imputables. Depuis le début de l'ère astronautique jusqu'au choix de la Lune comme première cible de nos engins, l'essentiel de nos moyens astronomiques est consacré à découvrir la Lune.

VIE ET MORT DU SOLEIL

L'étoile que nous appelons le Soleil s'est allumée il y a environ 5 milliards d'années, lorsque la masse critique de son hydrogène (le corps le plus abondant dans l'univers) fut suffisamment importante et confinée. Depuis lors, le Soleil est une « bombe thermonucléaire » en fonctionnement permanent. Il transforme l'hydrogène en hélium tout en dégageant une fabuleuse quantité d'énergie sous forme d'ondes diverses. Au sein de cette fournaise, d'autres réactions physio-chimiques transforment progressivement l'hélium en d'autres corps simples qui représentent la quasi-totalité des éléments répertoriés en 1869 par le chimiste russe Mendeleïev. Aujourd'hui, la masse critique en hydrogène du Soleil est déjà à moitié consommée. Dans environ 3,8 à 4,5 milliards d'années, quand notre étoile aura consommé la moitié d'hydrogène qui lui reste, le Soleil s'éteindra. Nous savons comment meurent les étoiles, soit en s'effondrant sur leur centre, devenu trop faible pour supporter le poids périphérique, soit en explosant par un phénomène de « novae ». Depuis déjà quelques centaines de millions d'années, la vie, sous des formes que nous ne saurions imaginer, aura cessé d'être possible sur Terre. Notre globe sera devenu, selon la fin de l'étoile, soit une planète de glace, au froid absolu de -273,16°C, soit une boule de feu. Cette vie, cette évolution du Soleil fait que les rayonnements reçus par les minéraux, les plantes et les animaux sur la Terre, soit directement, soit réfléchis par la Lune, varient. Mais à un rythme si lent comparé à l'échelle du temps pour les espèces vivantes (le jour, l'année, la décennie, le siècle, voire le millénaire pour certains arbres) qu'il ne nous est point besoin d'en tenir compte lorsque nous analysons l'influence de la Lune sur le monde végétal et animal.

Outre sa lumière qui nimbe nos paysages, son attraction qui rythme les marées, la Lune a des conséquences sur la vie terrestre. La preuve est cette « marée » lunaire, d'un cycle de 27 à 29 jours, qui pulse la capacité humaine de reproduction. Elle est surtout sensible pour les femmes mais atteint également les hommes. Ces conséquences vont, à présent, retenir notre attention. Elles vont être très perceptibles au niveau du monde végétal, dont les expressions, infiniment nombreuses, sont mieux réparties des pôles aux jungles, des hauts sommets aux abysses, que celles de la vie animale.

LES TREIZE LUNAISONS DU CALENDRIER LUNAIRE

Les influences que subissent toutes choses sur la Terre sont innombrables. Les hommes ont eu très tôt conscience de ces interactions. Dès qu'ils commencèrent à cultiver des végétaux, ils accumulèrent observations et remarques. Il en découla légendes, dictons, proverbes mais, surtout, manières et habitudes. Nous allons étudier ces usages, qui peuvent concerner chacun de ceux qui cultivent leurs champs, leur jardin, leurs potées ou exploitent leur forêt.

Face aux influences astrales, lunaires, cosmiques, nous allons considérer par ordre les arbres, les cultures des champs, des potagers, des jardins floraux et, enfin, les végétaux « extraordinaires » (lichens, algues, mousses, fougères et gui). Cessant alors d'observer les plantes en ce qu'elles ont de réactions instinctives par rapport à la Lune et aux autres astres, nous nous attacherons à préciser les méthodes de culture souhaitables. Chaque fois que possible, nous spécifierons ces gestes en fonction des conditions climatologiques et des lieux. Nous souhaitons dégager un ensemble de règles et de conseils généraux dont la pratique évitera à chacun bien des déboires.

Le cycle du mois lunaire diffère de celui du mois administratif : chaque année voit s'écouler douze lunaisons complètes et une treizième amorcée. Le grand savant et médecin grec Hippocrate (460-377 env. av. J.-C.) faisait reposer le rythme de vie et de santé des « humeurs » de toutes choses vivantes (hommes, animaux et plantes) sur un ensemble de treize lunaisons. La première était pour lui celle de printemps. Le calendrier lunaire est adapté aux végétaux. Le botaniste suédois Linné (1707-1778) s'aida de cet aide-mémoire pour classer les plantes et attribuer à chacune un nom.

De gauche à droite et de haut en bas :
premier quartier ;
juste avant la pleine lune ;
dernier quartier ;
juste avant la nouvelle lune.
Sur les calendriers la nouvelle lune est un point noir plein,
la pleine lune est un visage blanc.
Photo Observatoire de Paris.

PREMIÈRE LUNAISON : « DE PRINTEMPS »

Elle commence à la nouvelle lune qui se situe entre le début et la fin du mois de mars et détermine la date (mobile) de la fête de Pâques.

Lune du réveil de la vie, elle est réputée « pomper » la sève. Elle embraye et accélère le rythme de vie au sein des plantes.

Certaines racines font éclater l'écorce de leurs extrémités. Elles se mettent à vif pour mieux chercher et puiser la nourriture dans le sol.

Les bourgeons se débarrassent de la coque protectrice qui les abritait des frimas.

DE LA NOUVELLE LUNE AU PREMIER QUARTIER

Sensibilisation :

– des noisetiers, hêtres, bouleaux, charmes parmi les arbres ;

– des rosiers et de la plupart des vivaces parmi les plantes à fleurs ;

– de certains arbustes (tels *Prunus*, forsythias), qui passent du repos hivernal à la floraison en une semaine.

DU PREMIER QUARTIER À LA PLEINE LUNE

JARDIN. Chez les arbustes à fleurs et les vivaces, le rythme s'atténue. Les bisannuelles reçoivent un afflux de sève et fleurissent.

Les marronniers, châtaigniers, platanes, noyers et la plupart des arbres fruitiers sortent de leur léthargie.

Les jeunes arbres plantés l'automne précédent et les bisannuelles poursuivent et parachèvent leur enracinement.

CHAMP. Les céréales s'éveillent, ainsi que la plupart des plantes des prairies naturelles ou artificielles. On note un début de croissance de l'appareil souterrain.

DE LA PLEINE LUNE AU DERNIER QUARTIER

Les végétaux à feuilles persistantes, dont la vie est seulement ralentie en hiver, subissent l'inversion de l'attraction lunaire avec acuité.

Selon l'intensité de la lumière de lune et l'influence de la marée, la moindre gelée peut être fatale, mais avec des fantaisies inexplicables : les bourgeons d'un arbre, d'une branche, gèlent alors que ceux de l'arbre proche ou de la branche voisine sont indemnes.

Le cycle biologique qui vient de démarrer est à peine ralenti par la lune descendante. Cette lunaison est la seule où la « pression de sève » se maintient en croissance.

DU DERNIER QUARTIER À LA NOUVELLE LUNE

La grande activité de la sève se calme un peu. L'agitation passe de l'appareil souterrain à l'appareil aérien.

JARDIN. C'est la période lunaire optimale pour la floraison des freesias et crocus. Dans une moindre mesure, il en est de même pour narcisses, tulipes, hellébores et primevères. Les perce-neige entrent en sommeil relatif. Forte sensibilisation aux moindres variations de température nocturne et du petit matin.

DEUXIÈME LUNAISON : « DE LA FORÊT »

Elle s'étale sur mars et avril, parfois avril et mai, en fonction de l'avance ou du retard de la lune de printemps.

DE LA NOUVELLE LUNE AU PREMIER QUARTIER

La forêt s'éveille. Les feuilles pointent. Tous les arbres retrouvent leur parure. Cette évolution peut être contrariée par la lune rousse. Les bourgeons à fleurs, les jeunes pousses peuvent être « grillés » en quelques heures de clair de lune.

CHAMP. Pour les céréales, cette période est capitale. Dans certaines régions, on dit que « le grain se noue » ; en Italie du Sud, on précise : « La lune trempe le grain. »

PRÉ. Tout est en place pour les floraisons printanières et estivales. Limiter la pâture des troupeaux pour éviter qu'ils piétinent l'herbe jeune.

JARDIN. La sève précipite sa circulation et amène à leur splendeur rhododendrons, magnolias, camélias et muscaris. Les alysses et *Dicentra* sont sensibles à ce début de la lune ascendante. C'est un peu moins vrai pour les tulipes tardives et les jacinthes.

POTAGER. Ce quartier de seconde lunaison achève, sous serre ou en plein air dans le Midi, la croissance des premiers radis, des laitues « gotte » et autres précoces. Les semis sous châssis de tomates, concombres, etc. reçoivent une forte impulsion.

VERGER. Ce début de lune montante prépare la nouaison des cerises. Il décide de tous les fruits à pépins, comme framboises et groseilles à grappes. Les gelées sont toujours redoutables.

DU PREMIER QUARTIER À LA PLEINE LUNE

Chez les végétaux de nos régions, floraison, croissance, récolte achèvent de se mettre en place. Au Japon, on dit : « Après pleine lumière de seconde lunaison, tout sur terre est d'opulence ou de famine. »

Cette seconde pleine lune intervient sur les plantes à rhizome. Elle chauffe la mise à fruits de la plupart des arbres à pépins (poiriers, pommiers, noyers et noisetiers).

Dans la frange méditerranéenne et en climat atlantique, on peut planter en pleine terre bégonias, sauges, œillets d'Inde, impatiens et toutes autres plantes annuelles. C'est la période bénéfique par excellence.

CHAMP. Procéder à toute intervention de roulage ou autre.

POTAGER. Tout ce qu'on fait est heureux.

DE LA PLEINE LUNE AU DERNIER QUARTIER

Commencer à se méfier des lunes descendantes. A ce stade du cycle lunaire, couper les fleurs à bouquets. Elles dureront plus longtemps en vase.

A L'EXTÉRIEUR. Désherber, pincer, tailler, en particulier les haies. Cette période de sept jours est l'une des quatre dans l'année qui convient le mieux à la taille des troènes, lauriers, aucubas, buis et autres arbustes à feuilles persistantes.

A L'INTÉRIEUR. Mettre en place les plantes vertes et les fleurs. Il est bon, ensuite, de s'abstenir de les bouger et, surtout, de les tourner sous prétexte d'exposer chaque côté à la lumière directe de la fenêtre.

LA LUNE ROUSSE

C'est l'un des douze cycles lunaires. Dans l'hémisphère Nord, il commence en avril et finit en mai. Cette période sert de référence au calendrier chrétien. Elle détermine l'emplacement de la fête de Pâques. On lui attribue des gelées qui, sans être intenses, brûlent les bourgeons trop avancés (d'où son appellation de lune « rousse »). Le rayonnement lunaire de cette première lune de printemps, sur un sol froid, entraîne une « évaporation thermique » de la Terre. Faute de nuages protecteurs, la gelée est plus incisive et destructrice. Dans l'hémisphère austral, la lune rousse de printemps se situe en octobre et novembre.

DU DERNIER QUARTIER À LA NOUVELLE LUNE

Le cycle végétatif des arbres et de toutes les plantes achève de se mettre en place. Le bouillonnement de printemps est calmé. Au Japon, on dit que cette fin du second cycle lunaire est « l'obscurité de l'équilibre végétal ».

TROISIÈME LUNAISON : « DE L'OPULENCE »

Cette troisième lune montante est celle qui épanouit en avril et mai un maximum de fleurs de printemps au jardin, dans la prairie, en plaine ou en montagne. Selon les proverbes, elle « fait les granges et les tonneaux », « nourrit les animaux et les hommes », « bénéficie au mieux à toutes les céréales, aux légumes de toutes sortes ».

La grosseur des pommes de terre et la longueur des épis dépendent d'elle.

DE LA NOUVELLE LUNE AU PREMIER QUARTIER

Cette lune tempère certaines poussées de sève qui tendraient, la douceur de la température aidant, à accélérer indûment le rythme biologique. En Corée, on l'appelle « lune de paix et de sagesse ».

Pour couper lilas, pivoines, tulipes, attendre la fin de la lune montante.
Procéder aux semis de cerfeuil, si fragile et fantasque.

DU PREMIER QUARTIER À LA PLEINE LUNE

A partir de cette lunaison, les quatre jours précédant la pleine lune sont très bénéfiques.
En Ile-de-France et sous les climats similaires, planter toutes les fleurs d'été, de l'agérate au zinnia.
Toute intervention, au jardin comme au champ, sur arbustes et sur arbres (traitement antiparasitaire, par exemple) est favorable.
L'aération de la terre dans les massifs et rocailles, la cueillette de toutes les fleurs à bouquets sont recommandées.
A partir de cette pleine lune, arroser les plantes, maraîchères ou florales, de massifs ou en pots, de préférence en suivant le rythme lune montante et lune descendante. Apporter un maximum d'humidité le quatrième jour précédant la pleine lune.

DE LA PLEINE LUNE AU DERNIER QUARTIER

C'est la première des trois lunes descendantes successives, dont les « bains » sont nuisibles à certains végétaux tropicaux ou équatoriaux cultivés en France, en serre, véranda ou jardin d'hiver.
La lumière de lune, surtout pendant les quatre jours suivant la pleine lune, pénètre plus aisément les tissus végétaux superficiels, même durs, et stimule des organes intérieurs dans tiges, fleurs, embryons de fruits et même branches ou troncs d'arbres.
Il faut se garder de tailler, couper, blesser un végétal pendant cette période de sept jours et surtout pendant les quatre jours suivant la pleine lune.

DU DERNIER QUARTIER À LA NOUVELLE LUNE

Temps de repos bénéfique à de nombreux végétaux fleuris (azalées, trolles, myosotis, pyrèthres) ou à feuillage coloré ou veiné (aucubas, cotoneasters de toutes variétés).
On peut, avec un maximum de sécurité, dépoter, transplanter, modifier une exposition pendant les trois jours précédant la nouvelle lune.

QUATRIÈME LUNAISON : « DES PRAIRIES »

La lune de solstice de juin connaît les plus fortes influences cosmiques, les très fortes marées. Elle a, en mai, une grande influence sur tout ce qui est vivant. Toutefois, les plantes, fortifiées par le cycle printanier, sont moins sensibles à cette influence qu'on pourrait le croire. Elle imprime une énergie plus forte à la circulation de la sève, tant celle montante, qui apporte aux extrémités des tiges et feuilles les oligo-éléments prélevés dans le sol par les racines, que celle, descendante,

répartissant jusqu'aux plus infimes radicelles le carbone puisé dans le gaz carbonique de l'atmosphère par le phénomène de la photosynthèse chlorophyllienne. La lune paraît vouloir réveiller une nature qui s'assoupissait dans les tiédeurs printanières.
Elle déclenche une croissance plus importante de l'appareil aérien (branches, tiges) et incite la plante à prévoir déjà en fonction de son code génétique la formation des bourgeons pour l'année suivante.
C'est l'une des quatre lunaisons importantes de l'année, avec celle du solstice d'hiver et les deux lunaisons des équinoxes.

DE LA NOUVELLE LUNE AU PREMIER QUARTIER

FORÊT. La sève suinte de certains troncs, de certaines tiges tant est vive la pression qu'elle supporte. C'est à cette époque qu'on recueille du pin la meilleure résine et que le chêne-liège fabrique sa plus large épaisseur d'écorce.
CHAMP. Les épis se gonflent et s'enrichissent, les oléagineux se gorgent de molécules grasses.
PRAIRIE. C'est une explosion de croissance toujours spectaculaire. Elle détermine le temps de la première fenaison. Elle intervient au début descendant ou à la fin de cette quatrième lunaison, selon le développement des herbages.
JARDIN. Cette poussée de sève amorce le temps des roses. Les premières s'épanouissent. Iris, pavots, campanules acquièrent leur beauté maximale. Pendant ces sept jours et un peu moins pendant les sept jours suivants, le *Begonia rex* offrira les plus somptueux contrastes de vert et ocre de ses feuilles.
POTAGER. C'est la maturité pour certains légumes. Cette poussée de lune montante très puissante conduit à maturité pois, haricots, etc.

DU PREMIER QUARTIER À LA PLEINE LUNE

Le flux de sève s'apaise mais profite à tous les végétaux. Il vaut mieux s'abstenir de toute intervention pouvant le perturber. Seule exception pour les fleurs à bouquets : elles se conserveront plus longtemps si on les coupe pendant cette semaine et, mieux encore, dans les quatre jours précédant la pleine lune. C'est le cas pour les roses coupées en bouton fermé, dont un seul pétale commence à s'écarter et s'entrouvrir.

UNE LUNAISON « FOUGUEUSE »

La nature se donne toute.
Elle exhale le meilleur de son cœur
et tout ce qu'il lui reste de vie expressive.
Elle connaît un regain d'opulence florale.
Pourtant, elle connaît la tourmente
d'influences violentes.
Des tempêtes de rayonnements
cosmiques, les plus intenses flux
de marées, des tourbillons magnétiques
la pénètrent et l'agitent.
C'est la lunaison dont la vie
est la plus contradictoire mais aussi
la plus riche, puisqu'elle prépare déjà
le cycle suivant de son devenir.

DE LA PLEINE LUNE AU DERNIER QUARTIER

Déclin peu sensible. L'influence lunaire demeure stable et autorise tous travaux ou interventions avec, toutefois, un privilège pour les quatre jours d'après la pleine lune. C'est le moment de semer les plantes bisannuelles (pensées, myosotis, pâquerettes), qui fleuriront au prochain printemps.

POTAGER. Récolte des meilleurs pois, haricots, autres légumes et des fruits rouges (cerises, fraises, framboises).

PRAIRIE. Luzernes et trèfles possèdent leur taux nutritif maximal. C'est le meilleur moment pour la fenaison.

DU DERNIER QUARTIER À LA NOUVELLE LUNE

La stabilité de l'influence lunaire et cosmique se maintient et profite à tous les végétaux.

LES DOUBLES LUNES

Il y a 4 000 ans, les fellahs égyptiens craignaient les « doubles lunes », reflet de la Lune du ciel dans l'eau du Nil. Elles étaient, pour eux, préjudiciables à la culture de certaines plantes au bord des fleuves, comme les pois. On sait aujourd'hui que l'eau reflète une partie de certaines radiations froides, dans la gamme des bleus, du clair de lune. Ce reflet, joint au clair de lune lui-même, entraîne un refroidissement des tissus, donc un ralentissement de croissance, pour les cellules vivantes qui y sont exposées.

CHAMP, JARDIN, BOIS. On peut tout se permettre. Deux exceptions pour les végétaux de nos régions : alchemilles et genêts restent un peu fragiles en cette période. Les bouquets de fleurs jaunes pourraient souffrir d'arrosages intempestifs.

CINQUIÈME LUNAISON : « D'OR ET D'ARGENT »

Elle correspond à peu près au mois de juillet.

Quand la météorologie est favorable, elle conduit à la moisson. Le meilleur moment se situe pendant les quatre jours précédant et les quatre jours suivant la pleine lune. (Cette période compte parmi les plus importantes de chaque lunaison.) Les autres céréales doivent aussi, de préférence, être récoltées durant ce temps. Plus tôt, le grain est privé de la dernière poussée de sève ; plus tard, il perd peu à peu de sa valeur alimentaire.

Les Anciens appelaient cette lunaison « d'or et d'argent » pour l'éclat des moissons mais aussi la fine poussière se déposant sur les feuilles d'arbres avec la sécheresse de l'été. « Lune de transition » pour les Japonais, elle amorce le déclin. Pour la sylve, c'est déjà le début de l'assoupissement. Le cap maximal de la croissance annuelle est franchi.

DE LA NOUVELLE LUNE AU PREMIER QUARTIER

Cueillir, récolter, moissonner, arracher sont des travaux de l'heure. La période la plus favorable avoisine la pleine lune, mais ces sept jours sont bénéfiques s'ils parviennent à éviter un incident météorologique (grêle ou orage). Période favorable pour cueillir anthémis et soucis, dont les tiges sèchent au cours de la seconde semaine de lune montante.

JARDIN. Arroser le matin à l'aube, ou tard le soir lorsque les plantes ont dissipé une grande partie de la chaleur diurne emmagasinée dans leurs tissus.

DU PREMIER QUARTIER À LA PLEINE LUNE

C'est une période faste pour tous travaux car la pression de sève est stable pour tous les végétaux.

JARDIN. Pendant cette lune montante, œillets et roses sont à cueillir. Couper de préférence entre la disparition de la lune dans le ciel ou juste avant l'aube. Jamais dans la journée : leur éclat et leur longévité en vase seraient diminués de moitié.

PREMIER OU DERNIER QUARTIER ?

Pour savoir si l'on est au premier ou dernier quartier de la lune, il faut ajouter un jambage au croissant de l'astre pour faire une lettre minuscule : « p » pour le premier quartier, « d » pour le dernier quartier.

DE LA PLEINE LUNE AU DERNIER QUARTIER

La relative stabilité des flux de sève est affectée (parfois du simple au double) par les variations de la lumière lunaire. Il faut agir avec précaution en ce qui concerne les plantes à fleurs lorsque le temps est maussade et couvert. Au Japon, on soumet à cette lune descendante, sur des claies, les oignons et bulbes de plantes à fleurs printanières : tulipes, narcisses entre autres. Les horticulteurs nippons parlent de « bain aseptique ».

DU DERNIER QUARTIER À LA NOUVELLE LUNE

VERGER, CHAMP, JARDIN, POTAGER. Planter est déconseillé. Tout autre travail est permis et recommandé, sauf vers la fin de la période si le temps est trop humide et couvert, privant la végétation du clair de lune.

SIXIÈME LUNAISON : « DU SOLEIL »

Elle est ainsi baptisée en raison de l'opulence des *Helianthus* ou « soleils », qui axent leurs fleurs sur le parcours de l'astre du jour. Ce début de lune montante d'août freine les poussées de sève. La nature sent venir l'automne et s'y prépare. Les bains de clair de lune sont bénéfiques à tous les végétaux. Ils imprègnent les tissus en profondeur des radiations froides qui vont ralentir le rythme biologique. Il est conseillé de sortir les plantes d'intérieur pendant ces clairs de lune de sixième lunaison et de les exposer deux ou trois nuits réparties sur les quatre phases. C'est le grand moment des greffages en écusson.

DE LA NOUVELLE LUNE AU PREMIER QUARTIER

Le freinage biologique est propice à des soins divers : dépotages, arrachages, transplantations, traitements antiparasitaires. Arroser tôt le matin ou tard le soir les plantes à fleurs et les fraisiers remontants.
Les fleurs de fuchsia et de *Begonia semperflorens* sont très sensibles durant ces sept jours.

MALÉFICE DE LA NOUVELLE LUNE

Chez certaines tribus de l'île de Madagascar (Sakalavas, Betsimisarakas), au moment des nouvelles lunes, on couvre certaines plantes (vanille, sisal, etc.), et l'on cache dans les cases les femmes enceintes arrivées à terme. On craint que la « marée de lune » absorbe trop de sève, empêchant que s'accomplisse normalement le cycle de la vie. Des pratiques analogues ont cours chez les peuples méos et thaïs dans le nord du Vietnam et chez certaines peuplades des archipels mélanésiens. Les anciens Hawaïens respectaient ces précautions.

DU PREMIER QUARTIER À LA PLEINE LUNE

Les roses remontantes atteignent leur splendeur maximale.
Asters, bleuets, scabieuses sont également sensibles au calme cosmique et aux rayonnements qui se contrarient durant cette période.
Contrairement à ce que l'on pense généralement en raison de l'ardeur solaire, de la beauté des jardins fleuris, des richesses végétales, cette lunaison, située à cheval sur le mois d'août, est l'une des plus faibles de l'année.

DE LA PLEINE LUNE AU DERNIER QUARTIER

Soumettre les bulbes à replanter à l'automne à des « bains de clair de lune » durant cette phase, dont la lumière est particulièrement favorable.
Éviter toute cueillette ou récolte.

DU DERNIER QUARTIER À LA NOUVELLE LUNE

Tailler les haies.
Éviter de cueillir si possible et attendre la semaine suivante.
Le basculement des saisons modifie l'environnement magnétique. Il s'ensuit des fragilités soudaines, imprévisibles.
Prendre des précautions avec scabieuses, liliums, nénuphars, noisetiers, noyers et conifères : eux aussi deviennent très sensibles durant la fin de cette lune descendante.

SEPTIÈME LUNAISON : « DES PARFUMS »

Elle se situe en septembre. Plusieurs légendes japonaises ont décidé de ce baptême. Au clair de lune, en pleine nuit, la terre et les végétaux dégagent une somme étonnante de parfums dont la dominante change d'un point à un autre. Les jardiniers japonais disent que « la nature donne ce qui lui reste avant de s'endormir ».
C'est la lunaison d'équinoxe, de fortes marées, de tempêtes. Elle agit profondément sur tout le genre végétal et décidera de la survie hivernale de certaines espèces, même dans les régions où le climat est tempéré.

DE LA NOUVELLE LUNE AU PREMIER QUARTIER

Poussée de sève assez forte. Il s'agit de la dernière du cycle biologique annuel de cette intensité.
Aérer la terre et soigner les plantes ; procéder à tous travaux de saison, mais en évitant de cueillir et couper.

DU PREMIER QUARTIER À LA PLEINE LUNE

Cueillir les plus beaux chrysanthèmes, dahlias, asters, glaïeuls (leurs coloris sont ravivés par l'équinoxe).
C'est aussi un bon moment pour retourner le fumier en l'humidifiant.

DE LA PLEINE LUNE AU DERNIER QUARTIER

Cette première partie de lune descendante est la plus néfaste de l'année. Les troubles dus aux fortes marées d'équinoxe perturbent les équilibres biologiques végétaux.
Renoncer à travailler les plantes. Éviter de cueillir des fleurs qui fanent très vite. S'abstenir de déplacer les plantes d'appartement.

DU DERNIER QUARTIER À LA NOUVELLE LUNE

La tourmente s'apaise quelque peu. On le constate à l'aspect plus épanoui de la reine-marguerite et au velours plus lisse des pétales d'anémone du Japon.
Excellente période pour travailler champs et prairies, pour dégager les sous-bois et labourer les planches vides du potager. Laisser les alignements de poireaux et salades que l'on destine à l'arrière-saison.

DU YANG AU YIN

Au Japon, où l'on ressent plus qu'ailleurs « la vie des plantes » et donc leurs rapports avec l'environnement, cette lune est considérée comme le basculement d'influence de l'énergie « yang », positive, dynamique, au profit de l'énergie « yin », négative, assoupie et reposante.
On modifie les positions des plantes entre elles dans les serres et l'ordre sacré des célèbres bouquets.

HUITIÈME LUNAISON : « DU FEU »

Cette dénomination s'explique par les coloris que vont prendre les feuillages en forêt.
Le flux de sève s'interrompt en ce mois d'octobre. On entre dans la période du sommeil biologique. Il est souvent déjà un fait réel, même si les apparences (feuilles, fleurs, verdure vive) peuvent laisser croire à une activité intense.

DE LA NOUVELLE LUNE AU PREMIER QUARTIER

Encore un peu de sève.
POTAGER. En profiter pour « travailler » le sol autour des légumes.
VERGER. Cueillir les fruits d'hiver à pépins. Récolter les noix. Arbousiers, cotoneasters, sorbiers, rhus sont au maximum de leur splendeur.
CHAMP. C'est le bon moment pour récolter le maïs hybride. (On peut aussi attendre la semaine suivante.) Pommes de terre et betteraves sont à arracher.

DU PREMIER QUARTIER À LA PLEINE LUNE

Pour la dernière fois de l'année biologique, on note un « clocher » de sève. En profiter pour cueillir les fleurs qu'on veut conserver, et notamment les épis plumeux des herbes des pampas (*Gynerium*).

DE LA PLEINE LUNE AU DERNIER QUARTIER

Curieusement, stabilisation de la vitalité végétale pour la plupart des plantes. Se comporter comme en lune montante.
Prendre des précautions avec le *Berberis*, le *Ginkgo* (arbre aux quarante écus) et la gentiane des jardins (elle est dépaysée et fragile).
On peut donner une dernière taille aux haies. Commencer à tailler certains arbres d'ornement et les hortensias.

DU DERNIER QUARTIER À LA NOUVELLE LUNE

C'est le meilleur moment pour les labours d'automne, aussi profonds que possible, et pour les fumures de toutes sortes, au champ comme au jardin.
Quoique faible, le rayonnement est capable de s'insinuer dans le sol. Il peut alors être très bénéfique à l'appareil souterrain si l'on prend soin d'aérer légèrement et soigneusement la terre dans le jardin à fleurs et même la rocaille. Il pénètre aussi le bois. Cette période est favorable à l'abattage des arbres destinés à la menuiserie.

NEUVIÈME LUNAISON : « DES BRAS TENDUS »

Nous sommes au mois de novembre. Une légende japonaise veut que ce nom de baptême soit donné à cette lunaison parce que les arbres, dépouillés de leurs feuilles, semblent implorer le ciel. La sève est au repos.

La différence entre période de lune montante et de lune descendante est inexistante. Il est conseillé d'arracher, de transplanter en lune décroissante, surtout lorsqu'il s'agit de végétaux à fleurs tardives qui conservent une activité biologique résiduelle.

Dans certains pays, comme au Japon, on nettoie les jardins en période de lune descendante. Il faut se méfier de « l'été de la Saint-Martin », qui peut déclencher d'aberrantes poussées de sève. Ce semi-réveil risque d'être fatal à certains végétaux si l'on y touche à ce moment.

Les arbres porteurs de gui entretiennent un peu d'échanges avec l'extérieur : le gui leur restitue pendant tout l'hiver une partie du gaz carbonique qu'il respire en rejetant de l'oxygène. Ce gaz carbonique apporte un soupçon de flux de sève.

DIXIÈME LUNAISON : « DE L'ALCHIMIE »

Elle correspond à peu près au mois de décembre. Lunaison d'un solstice, elle connaît une forte influence cosmique. Les végétaux se recroquevillent sous la neige ou les pluies, ces influences invisibles travaillant la structure profonde des plantes. Si les nuits sont claires et froides sous un clair de lune baignant la végétation endormie, la croissance de l'année suivante sera plus accentuée, les vendanges meilleures, les récoltes de primeurs plus précoces et celles de fruits et légumes plus abondantes.

Au cours de cette lunaison, des alternances de froids vifs et d'adoucissements sont excellentes. Ils font sortir de terre les vermines qui s'y étaient enfouies pour se protéger des frimas. Elles sont alors incapables de se prémunir contre les assauts suivants de l'hiver. L'année à venir verra donc des fruits plus sains et des légumes plus beaux. En lune montante de dixième lunaison, on prétend que les arbres transplantés ont deux fois plus de chances de bien prendre. C'est également le moment conseillé pour planter les bulbes qui fleuriront au printemps suivant (tulipes, jacinthes, etc.).

ONZIÈME LUNAISON : « DU SOMMEIL »

C'est le repos presque absolu du mois de janvier. Seule la rose de Noël s'obstine à fleurir. Neige ou non, même dans les régions plus tempérées d'Europe où l'herbe pousse, où les mimosas vont fleurir, où la nature connaît toujours une certaine opulence, le fond réel des structures végétales est en sommeil. « Ce qui vit et fleurit le fait sur la réserve de l'ultime soleil », disent les Japonais.

DOUZIÈME LUNAISON : « DU RÊVE »

Le perce-neige sort sa clochette et certains crocus s'entrouvrent. Le jasmin à fleurs nues, l'*Eranthis* et quelques cyclamens d'automne attestent que la sève frémit à nouveau. Le réveil du noisetier annonce qu'un nouveau cycle va commencer.

Au cours de cette douzième lunaison du mois de février, il faut respecter la différenciation entre lune montante et lune décroissante. Intervenir sur les végétaux en lune croissante, de préférence quand la température est au-dessus de zéro. En dessous, proscrire toute taille ou coupe.

TREIZIÈME LUNAISON : « DE L'ŒIL ENTROUVERT »

C'est une fausse lunaison, qui ne s'installe que sur un cycle de plusieurs années puisqu'elle est chaque année incomplète. Elle correspond à fin février ou début mars et s'assimile à la fois à la semi-somnolence de la douzième lunaison et à l'explosion de vie de la future première, d'où le nom qui lui a été attribué au Japon.
Déjà la sève commence à bouillir, à remuer, à se relancer à l'assaut des tiges malgré les vents encore mordants de l'hiver… Mais on la sent qui hésite, elle sait que le danger du gel est encore là et peut anéantir ses promesses les plus généreuses. Un nouveau cycle de vie commence, semblable au précédent, et pourtant si différent !

L'INFLUENCE DE LA LUNE SUR LA VIE

VIE VÉGÉTALE ET LUMIÈRE LUNAIRE

« LA LUMIÈRE CRÉE LA VIE »

Si cette affirmation d'Aristote (il y a 2000 ans) est fausse, il est néanmoins vrai que la lumière est nécessaire à la vie. Sans lumière, le monde végétal manquerait de cette énergie qui lui permet de respirer, de se nourrir et de croître tout en épurant notre atmosphère par le phénomène chimio-physiologique de la photosynthèse (absorption de gaz carbonique et rejet d'oxygène).

Selon l'hypothèse actuellement admise comme la plus crédible, la lumière est faite de photons, petites particules animées dont l'impact crée un champ de pression. La lumière pèse sur tout ce qu'elle éclaire. Cette pression est biologiquement sensible, même si nous n'en avons pas pratiquement conscience. (En plein midi, le 21 juin à Paris, les photons issus du Soleil pèsent sur nous avec une pression équivalant à 3 g par mm^2 de peau ! Ils pénètrent jusqu'à 4 mm sous l'épiderme, d'où ces brûlures, les coups de soleil, si nous restons trop longtemps exposés.)

En marge des sept couleurs de base du spectre de la lumière blanche, les franges infrarouge et ultraviolette pèsent aussi sur tout ce qui est solide, liquide ou gazeux sur notre planète. Les cellules vivantes végétales sont tout particulièrement concernées. Contre les risques que certaines de ces franges constituent (essentiellement l'ultraviolet), la nature a dressé un bouclier protecteur : la très mince couche d'ozone (molécule fragile faite de trois atomes d'oxygène), enveloppant la Terre au-dessus de l'atmosphère, que les rejets gazeux de notre civilisation menacent et déchirent.

Pour nous protéger contre la pression de lumière, elle a aussi prévu l'évaporation par les pores de la peau : la transpiration consomme immédia-

tement une partie de l'énergie reçue et, par réflexion sur ses mini-bulles liquides, disperse dans l'air une autre partie, importante, de la force reçue. Cette protection est valable tant que le degré hygrométrique du corps peut fournir de l'eau à évaporer. Enfin, elle a prévu les systèmes pileux, qui interposent une sorte de matelas élastique entre l'épiderme et la lumière, ainsi qu'une protection non négligeable par ombre portée. Cette protection paraît insignifiante pour l'espèce humaine, mais elle est très efficace pour les animaux et de nombreuses plantes.
Il faut remarquer que depuis plusieurs millénaires, des ethnies vivant en marge de notre civilisation (tribus africaines, indiennes, des Amériques et de Nouvelle-Guinée) ont une connaissance empirique des phénomènes physiques dus à la lumière.

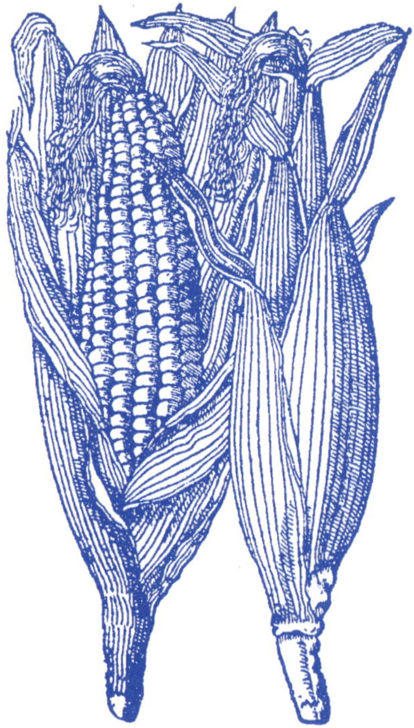

UNE LUMIÈRE... DOUCE

Moins importante que celle du soleil, la « lumière de lune » est indispensable au cycle terrestre de la vie. En 1954, l'agronome soviétique Alexandreï Lypatchine, de l'Institut de recherches agronomiques d'Achabad en Turkménie, me confiait après un congrès où il avait relaté ses travaux : « Après avoir reconstitué en laboratoire la lumière de lune au cours de ses quatre phases essentielles et avoir ensuite procédé à des expériences en milieu réel, j'ai constaté que, par sa composition différente de la lumière solaire, la lune a un effet particulier et très différent à tous les stades de la vie d'une plante. Elle favorise, jusqu'à plusieurs centimètres de profondeur, la germination des graines, notamment de tournesol, de pois et de maïs, évitant de les blesser ou choquer par une intensité trop vive. Elle favorise et stimule les échanges nutritionnels pendant la croissance aérienne de la plante, alors qu'au jour, ces processus sont parfois totalement interrompus du fait de la trop grande pression de lumière. Enfin, elle contribue pour au moins une moitié à mûrir haricots, pois, la plupart des fruits, facilitant la mutation des cellules concernées et activant la formation des sucres. »

Comme je lui demandais si les cultures étaient moins rentables, voire impossibles pour certaines espèces, dans les régions à nébulosité importante, où la lune est le plus souvent voilée, il me répondit : « Mais non. La lumière de lune comprend, vous le savez, une gamme que voit l'œil humain et des franges, de chaque côté, beaucoup plus larges et importantes. Ces radiations percent les plus épais des matelas nuageux. Elles sont perçues au sol par tous les végétaux. Par nos corps aussi, même si nous n'en avons pas conscience. L'effet est donc permanent. »

En mars 1968, à Gif-sur-Yvette, les plus grands spécialistes mondiaux se rencontraient pour débattre de ces problèmes au cours de la journée consacrée à l'agriculture au Colloque sur l'aménagement du territoire et les techniques avancées. Sten Ryum, directeur au ministère de l'Agriculture du Danemark, Félix Dan Maas, responsable du développement agricole en Israël, le professeur I.I. Kekrassov, de l'Académie des sciences de l'U.R.S.S. et d'autres savants insistèrent sur l'action capitale de la lumière de lune dans la vie sur terre, notamment végétale.

« Il y a repos par cycles de jours et de nuits chez tous les êtres vivants, quels qu'ils soient, mais ce repos n'est jamais total. Sang et sève continuent de couler. Chez l'homme, l'activité nerveuse se traduit par des rêves indispensables à son équilibre physiologique. Il en est probablement de même chez tous les animaux. Chez les végétaux, cette "présence nerveuse" nocturne se traduit par des variations dans les charges électriques propres à chaque cellule des tissus. La lumière de lune fournit de l'énergie, fort bien assimilée. Elle agit en catalysant certaines réactions par les massages, très doux et prolongés, qu'elle exerce.

« Les végétaux offrent, par rapport à leur masse, à leur poids comme à leur volume, et même si l'on tient compte de l'appareil souterrain, une surface aérienne plus importante qu'un animal quelconque. Si l'on excepte le tronc des arbres, les formes en jeu sont moins "profondes" que chez les animaux, dont l'homme. Toute influence extérieure, quelle qu'elle soit, de lumière solaire ou lunaire, tout rayonnement pénètre jusqu'à l'intérieur des organes végétaux et, parfois, les traverse.

« Par exemple, c'est souvent la lumière de lune qui métabolise certaines sub-

CAFÉ DE DERNIER QUARTIER

*En Amérique centrale, au Honduras,
au Costa Rica, au Guatemala, on cultive
sur des terrasses de montagne,
en moyenne et haute altitude,
les meilleurs cafés du monde.
Les paysans procèdent à la cueillette
à la lune descendante. Selon eux,
c'est la « grosse lune » qui gonfle,
mûrit les grains et les gorge de senteur.
Cueillir en « lune ascendante »,
ce serait se priver d'un dernier don
du ciel ! Parmi ces paysans,
les Costaricains cueillent pendant
les deux ou trois jours suivant
exactement la pleine lune, pour profiter
de ce qu'ils appellent « la sève haute »
pompée par la « lune montante ».*

stances nutritionnelles en réserve dans les vacuoles cellulaires. Ce sont de véritables greniers remplis de nourriture qu'on croirait pourtant, a priori, impropre à la consommation de la plante qui a fait ces réserves. Il faut les "cuisiner" et c'est le clair de lune qui s'en charge ! »

Rencontrant plus tard le professeur Keldysch, alors président de l'Académie des sciences de l'U.R.S.S., en compagnie de plusieurs agronomes ukrainiens ayant travaillé à la mise au point de nouveaux hybrides de maïs plus résistants et plus féconds, nous avons pu approfondir ce thème passionnant de l'influence lumineuse lunaire sur la vie végétale puisque c'est par l'observation des plantes que nous faisons, en ce domaine, une acquisition maximale de connaissances.

« Nous avons étudié assez avant deux des phénomènes les plus captivants de la vie végétale : la reproduction des cellules, base de la croissance, au-delà d'un autoremplacement des cellules usées, et la transformation d'un cycle de croissance en un autre lorsque la plante, selon le schéma de son existence, conçoit et fabrique une tige à partir de la graine, des tiges secondaires et feuilles à partir d'un rameau principal, des bourgeons à fleurs, puis des fruits sexués. Ceci étant valable pour le plus grandiose des arbres comme pour la plus humble des graminées champêtres.

« On a pu constater que la lumière diurne, avec ses effets de chaleur notamment, avait son importance dans tous ces processus. Mais que la lumière plus rouge et plus douce, plus nuancée sur le plan thermique, que nous renvoie la Lune, agit davantage et plus profondément.

« Il semble que ce soit la pression de la lumière de lune qui, en massant délicatement l'enveloppe cellulaire, l'amène à s'allonger puis à lancer des tentacules dans lesquels seront contenus des prolongements de tous ses composants indispensables : noyau détenteur du programme génétique, sacs nutritionnels, etc. C'est elle qui, lorsque chaque prolongement est doté de l'indispensable, provoque la rupture d'avec la cellule mère et amène donc à l'existence de nouvelles cellules.

« Certes, ce processus, nous l'avons vérifié en laboratoire clos, se produit en l'absence de rayonnements lumineux émanant du Soleil ou de la Lune, mais au détriment de l'équilibre général de la plante qui, perturbée, se sclérose et meurt. De même, sans influence de la lumière de lune, toute plante se nourrit moins bien et assimile ses réserves plus lentement et moins complètement. Il s'ensuit une croissance plus lente, parfois aussi certains rachitismes ponctuels et une faiblesse générale de l'organisme qui l'expose à des risques accrus de maladies ou à l'assaut des nuisibles de tous ordres, notamment des insectes.

« Au Service de génétique radiationnelle et de radiobiologie de la section moscovite de l'Institut d'horticulture Varilov, nous avons soumis, cycle annuel après cycle annuel, différentes plantes à des alternances de vie normale (avec jours et nuits) et de vie privée de tout rayonnement lunaire. Les années suivant ces cycles sans lune se sont traduites, en règle générale chez

PRINTEMPS ET CERISIER

*Hakimaha était l'une des plus jolies princesses du royaume des mers.
Sa beauté était connue de tous au-delà de tous les horizons.
Vive, espiègle, rieuse, ne pensant qu'à s'amuser avec les dauphins, les marsouins, il lui arrivait d'emprunter le char de son oncle, le dieu de la Mer.
Un jour, le dieu des Vents, jaloux de Hakimaha qui avait repoussé ses avances, se déchaîna pour lui être désagréable.
La princesse perdit le contrôle de l'attelage et le char s'abîma sur les rochers du Japon.
Le dieu de la Mer était mécontent.
Il devait punir Hakimaha qui avait désobéi. Mais il aimait cette princesse jolie et souriante.
Il pensa la transformer en île, en rocher mais se dit qu'une île, qu'un rocher ne souriaient pas.
Alors il pensa la transformer en montagne dans cet archipel du Japon où elle avait commis sa faute.
Mais si une montagne sourit avec sa couronne de neige et ses garnitures végétales, elle ne connaît pas les marées qui sont douces au peuple des mers.
Le dieu de la Mer réfléchit.
Enfin, un sourire illumina son visage courroucé. Il transforma Hakimaha en cerisier pour qu'elle puisse continuer de sourire, chaque année, au retour du printemps et pour qu'elle ressente toujours la douceur perpétuelle des caresses de la marée.
De ce jour, Hakimaha s'est appelée « Fleur de cerisier » et le cerisier a fleuri sur la terre du Japon.*

tous les sujets d'expérience, par des cercles de bois moins épais dans les troncs, des tiges plus minces et fragiles, des feuilles à moitié sèches. L'année suivant ces cycles sans lune, bien que les végétaux soient alors soumis à un cycle annuel normal et exposés, chaque nuit, à la luminosité lunaire, la raréfaction et la mauvaise qualité des bourgeons entraînent de presque totales absences de fleurs et de fruits ; ceci chez les plantes vivaces.

« Chez les annuelles, après une germination correcte et un premier développement apparemment logique (quoique anormalement long), il y a toujours eu blocage de la croissance à un certain stade avec déshydratation inexplicable de la tige, pourrissement ou durcissement des racines et donc entrave aux échanges nourriciers, filage de l'appareil aérien sans apparition de feuilles, ou réduites à des moignons, et absence de fleurs.

« La transformation, lors d'un cycle de croissance, d'un processus de reproduction cellulaire à un autre, est un phénomène délicat. Vous savez qu'il suffit d'une pluie violente, même brève, ou d'une trop grande humidité pendant quelques jours, pour faire avorter au stade de la nouaison du bourgeon à fruits une récolte de cerises, par exemple, fort bien amorcée sur le plan de la floraison. Le clair de lune est capable de rattraper de tels incidents, s'ils ne sont pas trop graves. Il agit comme un médicament et c'est assurément une thérapeutique efficace.

« Vous voyez que l'action de la "lumière de lune" sur la vie ne fait plus aucun doute, car il est indéniable que nous autres humains, tout comme les autres animaux, la subissons, quoique sans doute d'une manière moins sensible du fait de la masse de nos formes. D'ailleurs, ce ne sont pas là, à proprement parler, des découvertes récentes. Depuis une centaine d'années, la recherche agronomique se doute de ces phénomènes, sans avoir pu les expliquer ou prouver... »

Nous avons demandé au professeur Keldysch ce qu'il en était des plantes d'intérieur, protégées du rayonnement lunaire qui, comme nous autres humains (et les animaux d'appartement), sont isolées de la nuit naturelle... « La lumière de lune filtre à l'intérieur de nos pièces habitées, tout comme le rayonnement solaire, atténuée bien sûr. Il faudrait une chambre complètement opaque pour interdire toute entrée de la lumière. Vous faites bien, cependant, d'aborder ce problème.

Les plantes que nous retirons de la vie naturelle, de leur environnement normal pour décorer nos maisons, vivent du fait d'une réduction de lumière diurne ou nocturne et de l'action perturbatrice de nos lampes artificielles aux caractéristiques de rayonnements très différents, à des rythmes ralentis ou même aberrants.

Certaines plantes d'intérieur décalent sur 16, 20, 24 mois, parfois davantage, leur rythme normalement annuel de cycle physiologique. D'autres escamotent certaines phases de leur existence normale, celle à fleurs, le plus souvent. Ou bien elles étendent démesurément leurs feuilles pour capter davantage de ces rayonnements dont elles ont besoin et qui leur font défaut.

Nous avons même constaté, en laboratoire, chez certaines plantes succulentes, que l'on appelle encore plantes grasses, et dont les appareils aériens sont généralement vernissés ou hérissés de piquants afin de réduire la pression des rayonnements thermiques et l'évaporation consécutive, une modification de la sensibilité à la lumière des couches cellulaires superficielles, pour qu'elles absorbent un maximum des radiations chaudes, dans les rouges du spectre visible. Or, cette richesse en radiations rouges est l'une des caractéristiques de la lumière de lune ! »

Inutile donc de nier ou de sous-estimer l'influence lumineuse du clair de lune sur la vie. Toutefois, en toutes choses le mal côtoie le bien. En marge de ces influences indispensables au bon déroulement des cycles vitaux, il est d'autres actions qui lui sont préjudiciables.

DANGERS DE LA « LUMIÈRE DE LUNE »

Le spectre du clair de lune est plus riche dans la gamme des rouges, plus pauvre dans la gamme des bleus et des violets, que la lumière solaire reçue. Elle ne se borne donc pas à nous la renvoyer. Cette sélection de radiations a diverses conséquences. Sur le plan chromatique, ce sont certaines substances chimiques qui confèrent aux différentes parties des plantes leurs couleurs caractéristiques. Mais c'est aussi la lumière qui, souvent, révèle ces couleurs et nous permet d'en avoir conscience. De nuit, dans le noir presque total d'une nouvelle lune, les plus superbes corolles de fleurs paraîtront de la même couleur que les tiges grises ou ocrées, que leurs feuilles d'un vert clair ou sombre.

Citons deux exemples, l'un dans le monde animal, l'autre dans le monde végétal, pour imager le phénomène lumineux. Nous avons tous vu, ne serait-ce que dans ces boîtes où des entomologistes les épinglent, ces merveilleux papillons bleus d'Amérique du Sud, de la famille des Morphos. Leurs ailes sont bleues ou violettes, chatoyantes, brillantes. Mais si nous regardons de biais ces ailes de Morphos, nous les voyons brunes et ternes ! Phénomène d'optique, pensez-vous, dû à notre position tangentielle par rapport au plan des ailes. Car elles sont de couleur bleue, vous en êtes convaincus en les regardant à nouveau de face. Eh bien, non. Ils ne sont ni bleus ni violets, ces Morphos du Brésil, du Venezuela, des jungles de Bolivie ou du Pérou. Ils sont bruns et parmi les plus ternes de tous les papillons que nous connaissons ! Leurs ailes sont faites d'écailles soigneusement imbriquées en forme de prismes. C'est la lumière qui, en se jouant dans ces écailles, sélectionne les bleus les plus intenses, les violets les plus éclatants dont le spectre est composé, pour créer cette illusion d'optique. Les Morphos sont bleus en apparence, car il y a toujours suffisamment de lumière pour frapper leurs écailles alaires. Mais ce coloris d'améthyste n'est jamais aussi intense que sous la clarté lunaire qui accentue la couleur « résultante » conférée par la luminosité ambiante.

En Afrique du Sud, aux lisières de l'aride désert du Kalahari, et dans le Sud-Ouest africain, il est une variété de *Monsonia* (*Sarcocaulon burmanii communis*) bien étrange. Elle présente,

LA SUPÉRIORITÉ DU CHÊNE

Un chêne de belle taille et environ 300 ans d'âge (comme beaucoup de ceux de nos chênaies françaises) développe au total (écorce, branches, rameaux, feuilles, glands) une superficie moyenne de 1 250 à 1 400 m^2 !
Pour qu'un homme, en rapport identique, offre à la lumière une surface comparable, il devrait avoir une peau vingt-six fois plus étendue qu'elle ne l'est !

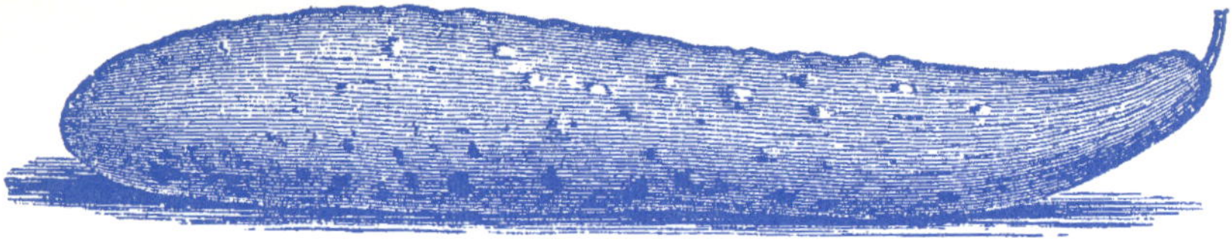

de jour, sous la lumière solaire, des fleurs d'un blanc crémeux, et de nuit, sous la clarté lunaire, les mêmes fleurs d'un mauve rosé. Là, pas d'illusion d'optique ! Il existe dans les pétales un pigment coloré qui réagit chimiquement de manière différente sous l'influence de tel ou tel spectre lumineux. D'autres fleurs changent aussi de couleur en fonction de la qualité de lumière qu'elles reçoivent. Il faut voir ces phénomènes autrement que sur le plan esthétique. La couleur de telle ou telle partie des plantes détermine beaucoup de ses caractéristiques physiques : absorption de chaleur, respiration, transpiration, échanges avec l'extérieur. Les couleurs des fleurs aident à la sélection des insectes butineurs ou des oiseaux suceurs de nectar. Les colibris, ou « oiseaux-mouches », sont plus sensibles à l'une ou l'autre des tonalités chromatiques. Les insectes, notamment les abeilles, voient mieux certaines couleurs. C'est par la détection chromatique visuelle qu'ils se dirigent vers les calices à butiner. Or, on a constaté que les oiseaux et les insectes ont une activité nocturne importante dans la pénombre du crépuscule et de l'aube. Les variations de couleurs apportées par le clair de lune entraînent des « visites de fleurs » par ces animaux, souvent par des fourmis. C'est sous cette influence qu'est assurée la fécondation. Mais les changements nocturnes de couleurs des plantes peuvent, à l'inverse, attirer des nuisibles, qui saccagent les calices ou même coupent les tiges (certains lucanes).

Autre méfait imputable à la lumière de lune : certaines plantes habituées à une luminosité nocturne généralement tamisée par un matelas nuageux, ou ne la recevant que par reflet, peuvent être amenées à subir de plein fouet le clair de lune. Leur organisme n'y étant pas habitué, malgré la faiblesse et la douceur de cette luminosité, il s'ensuit des réactions anarchiques qui sclérosent ou tuent la plante.

Certaines ne connaissent nul repos biologique. Vivant la nuit autant que le plein jour, elles consomment trop vite leurs réserves. D'autres accélèrent leur rythme physiologique de croissance et usent leurs tissus cellulaires. C'est le cas de certains légumes de jardins qui « filent » en hauteur au détriment de la fructification ou des parties utiles. Au Japon, où la culture des primeurs est très active, on a constaté qu'une longue période de ciel sans nuages et de clair de lune intense fait « monter » certaines salades en graines beaucoup plus vite qu'au rythme normal. Elle entraîne aussi une croissance trop importante et trop rapide de certaines variétés de tomates, de haricots nains et grimpants, de concombres et cornichons, entre autres légumes de consommation courante.

Dans l'ensemble des facteurs intervenant dans la possibilité d'acclimatation d'un végétal (sol, température et humidité, régimes climatiques, orientation et force des vents), l'influence de la luminosité nocturne est l'une des plus importantes. Elle conditionne la survie de la plante déracinée. Trop forte, elle accélérera le rythme de vie au détriment du repos nécessaire. Trop faible, elle n'assurera pas le bon fonctionnement de certaines fonctions. La circulation de sève sera ralentie. Certains approvisionnements nutritionnels aux périphéries de la plante se feront mal. S'ils s'accomplissent de nuit, c'est pour pallier le risque d'une détérioration chimique sous l'action trop vive du rayonnement solaire.

AMBIANCE LUNAIRE

Il n'est pas d'élément végétal, dans la nature, qui soit à l'abri de la luminosité lunaire, fût-il caché au plus profond d'un sous-bois ou au bas d'une gorge étroite et profonde.
Dans les jungles africaines, indonésiennes et sud-américaines, la lumière solaire envoie à peine 2 % de son rayonnement, d'ailleurs réfléchi sur certaines mousses, lichens, fougères au ras du sol. Elle est en certains endroits arrêtée, retenue, filtrée par les différents étages de végétation. Au contraire, ces mêmes mousses, lichens et fougères reçoivent plus de 27 % du rayonnement lunaire, dans les mêmes conditions.
Le rayonnement réfléchi par la Lune, plus riche en tonalités rouges, est moins absorbé, mieux réfléchi par feuilles, troncs, fleurs. C'est ce que le botaniste américain Lilian Herbert Stight tentait d'expliquer lorsque nous l'avons rencontré dans les jungles bordant le canal de Panama : « Vos poètes ont raison ! Tout se passe comme si les rayons de lune ne suivaient pas la ligne droite, mais savaient envelopper toutes choses, en épouser les formes et déjouer la rigueur de nos lois scientifiques ! »

On a aussi remarqué chez les plantes déphasées par l'acclimatation, mais aussi dans certaines parties « neuves » et donc aux tissus tendres et fragiles de plantes situées dans leur cadre écologique, des mobilités anormales de sève sous l'action du clair de lune. Selon l'agronome israélien Daniel Stormsky, « tout se passe comme si la sève était pompée en extrémité de rameau, de tige, par la luminosité lunaire, jusqu'à faire éclater les minuscules canaux de circulation nourricière ou créer des vides de substance en aval de ces rameaux. Collant entre elles les parois des canaux et bloquant toute circulation ultérieure de sève. Dans l'un et l'autre cas, les parties concernées sèchent et meurent, compromettant souvent la croissance et même le devenir de la plante lorsqu'il s'agit de la pointe sommitale ».
Autre conséquence de la luminosité nocturne : l'empoisonnement de certaines plantes par les protéines. C'est le cas de plantes carnivores, de quelques variétés rustiques d'Amérique du Nord, les *Sarracenia*. Ces plantes aux fleurs pourpres, violacées ou blanches, ont des feuilles en urne recélant un liquide qui attire les insectes. Ceux-ci s'y noient et sont alors digérés par des enzymes que sécrètent les feuilles. Le soir voltige un grand nombre d'insectes et s'activent les fourmis. Si l'insecte est digéré trop tard pendant la nuit, la sécrétion d'enzymes, perturbée par la luminosité lunaire, est insuffisante pour transformer en substances assimilables les protéines animales. Celles-ci sont mal véhiculées par la sève et ne peuvent s'homogénéiser à elle. Elles forment des nœuds de blocage et entraînent le dépérissement des feuilles.
En 1958, les spécialistes du Museum de Kew, près de Londres, qui font universellement référence, avaient dénombré plus de 18 000 espèces, dans 670 genres, particulièrement sensibles au clair de lune.

UTILISATIONS DE LA « LUMIÈRE DE LUNE »

Un grand botaniste français, Julien Marnier-Lapostolle, a dirigé jusqu'à sa mort en 1976 le jardin botanique « Les Cèdres », qu'il avait créé sur l'épine dorsale de la presqu'île de Saint-Jean-Cap-Ferrat dans les Alpes-Maritimes. Spécialiste des cactées, il a découvert et décrit de nombreuses espèces auxquelles il a été donné son nom. Connaissant également bien les palmiers, il en possédait la plus belle collection d'Europe, autour de son

PURIFICATION DE PLEINE LUNE

Certaines tribus africaines du haut Soudan, du Kenya, de Tanzanie, exposent leurs récoltes devant les cases où elles les conservent, sur des claies, pendant chaque nuit de pleine lune. C'est la garantie de pouvoir les conserver pendant encore tout un cycle lunaire à l'abri des moisissures, des proliférations cryptogamiques, mais aussi des insectes et des souris ! La Lune, lorsqu'elle est pleine, passe pour purifier tout ce que baigne sa lumière.

bassin où l'on pouvait admirer la seule *Victoria regia* d'Europe, cet immense nénuphar brésilien fleurissant sur notre vieux continent. Il entretenait des serres pour tenter d'acclimater des plantes rares originaires des steppes montagneuses mexicaines ou des savanes désertiques sud-africaines. Il a également réussi l'acclimatation de nombreuses plantes épiphytes des jungles sud-américaines. Il expliquait : « Il faut d'abord reconstituer aussi exactement que possible le contexte écologique originel, propre à chaque plante. Refaire de l'air de jungle, aux miasmes humides et lourdes, ou de l'air de désert, avec un pourcentage infime d'humidité mais de violents écarts thermiques entre la nuit et le jour, de – 1°C à + 50°C, pour certaines espèces habituées à ces extrêmes. Charger aussi cet air de particules de sable soulevées par les vents ou des innombrables pollens et minuscules débris végétaux qui tombent, dans la jungle, d'étages supérieurs en étages inférieurs. Ils servent, selon le cas, de nourriture ou d'écrans aux plantes. Les plantes épiphytes, en particulier, se nourrissent de cet humus flottant puisque leurs racines ne sont pas souterraines mais plongent dans le milieu aérien au sein duquel elles sont accrochées à un tronc, une branche, une liane. Les problèmes de température et d'humidité sont importants. Mais on parvient assez aisément à les résoudre. Lorsque la plante que l'on veut acclimater a fait souche, grâce aux précautions prises, on peut, délicatement, par petites touches, tenter de modifier successivement, d'une génération végétale sur une autre, tel facteur écologique pour essayer de créer une nouvelle habitude d'existence. Lorsque cela est réussi, on peut sortir la plante de la serre et la mettre en plein air, toujours prêt à la réintégrer à l'abri en cas d'hiver rigoureux ou d'un phénomène climatique excessif.

« Le plus difficile (et il nous montra alors les diverses lampes suspendues au faîte des serres) est de découvrir le bon éclairage. Les rayonnements lumineux du Soleil ne sont pas les

GERMINATION EN PLEINE LUNE

En Indonésie, à Java, Sumatra, Bali Timor, aux Célèbes ainsi qu'à l'île de Bornéo, les paysans connaissent parfaitement le cycle de croissance des graines qu'ils sèment.
Ils sèment pour que le moment exact de la germination, encore souterraine, corresponde, selon l'espèce, avec une pleine lune ou une nouvelle lune dont les effets lumineux sont différents.
Ils respectent la même observation de temps pour repiquer, s'il y a lieu.
L'instant capital est alors le nouage d'un fruit après la disparition de la fleur, ou la formation des nouvelles graines.
Dans certaines régions d'Afghanistan, les paysans agissent de même.
Quant aux Indiens du haut Pérou et de Bolivie, qu'il s'agisse de cueillette sauvage ou de récolte de plantes cultivées, ils la font après le dernier quartier. Ainsi, les récoltes bénéficient d'une « grande lune » qui les assainit, chasse les nuisibles et garantit une meilleure conservation.

mêmes selon les latitudes. Ils ne sont pas filtrés, atténués ou accentués dans telle ou telle tranche du spectre de la même façon par des couches atmosphériques très diverses selon les lieux. Surtout en tenant compte de nos pollutions et de ces aérosols, qui peuvent former des couches réfléchissantes très agissantes aux limites de la stratosphère et même de l'ionosphère. On parvient assez bien à analyser la lumière du Soleil, celle du haut Mexique, du Kalahari ou des rives de l'Orénoque et à mettre au point des tubes spéciaux à gaz rares. Ceux-ci, ionisés par le passage du courant, reproduisent fidèlement ces caractéristiques lumineuses. Tout est différent avec la lumière reflétée par la Lune. Elle est faible et beaucoup l'imaginent sans conséquence. Ils ont tort. La lumière émise par la Lune est capitale pour l'équilibre biologique d'une plante et de tous les autres êtres vivants. Cette luminosité réfléchie est différente de celle du Soleil reçue par la Lune. Mais elle varie aussi selon la latitude et dans de grosses proportions.

« Des physiciens et astronomes pensent qu'il s'agit de l'influence des reliefs lunaires et des différences d'absorption lumineuse sur la Lune entre les "mers" et les montagnes. Selon la latitude, la composition lumineuse réfléchie par la Lune varie en fonction du cycle saisonnier. Il en découle un rythme annuel aux modifications subtiles, portant sur des intensités inférieures parfois à 0,1 lux. J'ai longtemps échoué avant de trouver des formules, par mariages de lampes diverses reflétées par des surfaces rugueuses de pierres, de toiles ou dont les rayons traversent des bacs de liquides colorés. »

A ces explications scientifiques confiées en 1959, J. Marnier-Lapostolle devait ajouter, plus tard, des précisions sur ses recherches continuelles.

« Le clair de lune a parfois de surprenants effets en botanique. Qu'il entretienne la vie au ralenti pendant le sommeil des plantes est connu. Qu'il favorise certaines assimilations et métabolismes tout en nuisant à d'autres, nous le savons. Mais je me suis aperçu, après d'autres botanistes, que la lumière réfléchie par la Lune pouvait cicatriser et guérir. Vous arrachez une branche, maladroitement, à un arbre ou un arbuste. Vous cueillez mal une fleur en arrachant inégalement les fibres ligneuses de la tige. La plaie est botaniquement vilaine. Le Soleil la cicatrice parfois, en l'état. Au contraire, le rayon de Lune masse les cellules meurtries, favorise l'élimina-

EUCALYPTUS SURACTIVÉS

On a remarqué en Australie orientale que les koalas, ces charmants « petits ours en peluche » qui adorent se nourrir de feuilles d'eucalyptus, sont atteints de fringales après chaque pleine lune. Ils dévorent environ 20 % de feuilles de plus que pendant la quinzaine précédente, au moment de la nouvelle lune. Les zoologistes qui ont étudié cette particularité alimentaire en ont conclu à la non-responsabilité du koala : ce sont les feuilles d'eucalyptus qui sont alors plus gorgées de sève et de principes odoriférants.

tion de celles qui sont irrécupérables et accélère la régénération des tissus abîmés pour refermer la plaie. Privée de ce que j'appellerai le cataplasme lunaire, la plante blessée conserve un point faible par où maladies cryptogamiques et insectes mèneront l'assaut contre elle. Grâce au rayon de lune, le mal est résorbé au mieux et s'il subsiste une cicatrice, elle est saine!

J'ai également constaté que la pleine lune stimulait très activement ces bouillies que l'on saupoudre ou vaporise sur l'appareil aérien des plantes, des vignes entre autres, pour les protéger des divers maux.

« La Lune ne suffit pas à guérir, certes. Mais telle plante qui périra en période de nouvelle lune, malgré un traitement approprié, sera sauvée en période de pleine lune. Je l'ai vérifié cent fois, sur des plantes différentes et cent autres botanistes m'ont rapporté des faits identiques.

« Depuis douze cents ans, les Arabes ont l'habitude, après avoir nettoyé la plaie, d'exposer leurs blessés la nuit au rayonnement lunaire qui atténue les douleurs, cicatrise et guérit. L'analogie est frappante ! »

D'autres chercheurs nous ont confirmé des observations identiques. Tous les maux frappant les plantes ne peuvent être guéris par la lumière de lune. Si c'était le cas, la vie végétale rustique, normalement exposée à tous les rayonnements naturels, ne connaîtrait aucune maladie. Le rayon de lune soigne, améliore la santé végétale et peut, dans certains cas, vraiment guérir.

De ces contacts avec J. Marnier-Lapostolle et d'autres botanistes de Kew, Hambourg, de Floride, nous avons retiré la certitude qu'il existait une thérapeutique lunaire au service des végétaux. En ex-U.R.S.S. comme aux États-Unis, au Japon et en Australie où l'on conduit des recherches de pointe à ce sujet, on en tient compte. Des végétaux malades ou blessés sont systématiquement exposés à la Lune. Mais ce n'est pas nouveau : les Chinois agissent ainsi depuis plus de

2 000 ans, depuis que, pour appuyer l'acupuncture, ils ont généralisé une thérapeutique homéopathique et naturelle, fondée sur une pharmacopée végétale. Certaines plantes prennent une importance capitale. Le ginseng surtout, le *seng-bao* ou « plante divine », qui a le privilège d'être efficace contre tous les maux, même la vieillesse. Mais aussi le lotus, la rhubarbe, le gingembre, le pissenlit, la réglisse, la menthe, l'aconit, la violette de Chine, l'armoise, le chanvre indien, qui est une drogue si on en abuse ! Pour éviter à ces plantes les atteintes d'un mal quelconque et mieux les exposer « aux soins du ciel », on les plante sous une bonne exposition lunaire. Ceci pendant tout le temps de leur plus délicate croissance et de leur maturité.

Qui dit exposition idéale entend culture sur un plan perpendiculaire aux rayons de lune, en moyenne lorsque l'astre passe au zénith de sa course nocturne. Les champs de pavots des hautes vallées montagneuses du Vietnam, du Laos, de Thaïlande, de Birmanie sont exploités selon le même principe, sur les versants exposés aux meilleures lunes, mais médiocrement offerts au Soleil. En cela, aucune motivation de récolte plus importante. Simplement un souci d'hygiène végétale !

Nous ne faisons que découvrir aujourd'hui ce que, empiriquement, nous savions depuis des millénaires. La lecture des vieux textes chinois, hindous-védiques ou égyptiens est à ce sujet édifiante et nous incite à l'humilité.

ATTRACTION LUNAIRE ET PULSATIONS DE VIE

Lorsque nous sommes sur la plage, face à la Manche ou à l'Atlantique, nous constatons le rythme des marées. Il s'impose à nous par son amplitude. Les eaux marines, en un point donné, montent et descendent avec une régularité prévisible mais dont les pulsations suivent le cycle de la lune. Sur les rives de la Méditerranée ou de la mer Baltique, toutes deux fermées et seulement reliées à l'Océan par des détroits assez exigus, les marées ne nous sont plus perceptibles. Pourtant, elles existent, atteignant de 5 à 20 cm selon les phénomènes de résonance différents, suivant la configuration des côtes. Même le lac de Genève, ceux de Gérardmer ou d'Annecy,

ORCHIDÉE DE PLEINE LUNE

Dans les forêts épaisses de Madagascar, du sud du cap d'Ambre, autour du lac des Caïmans sacrés, une variété d'orchidée cousine de Phaius, *appelée Anivorano ou Phaius de Chine et de l'Inde, ne fleurit que la nuit. C'est au moment de la pleine lune qu'elle épanouit totalement ses fleurs.*

l'étang de Berre et la piscine de votre commune, toutes les masses d'eau, jusqu'à l'aquarium de votre appartement, sont soumises au rythme continuel des marées.
Les masses continentales et tous les corps solides subissent aussi la conjonction des attractions solaire et lunaire, avec des amplitudes réduites, en fonction du coefficient de plasticité des éléments qui les composent. Elles atteignent 1 cm pour des îles comme Groix ou Ouessant en Bretagne. Elles dépassent 5 à 8 cm pour l'Asie ou l'Amérique. Ces marées sont infimes en regard des corps considérés. Contrairement à ce que pensèrent certains savants, au début du XXe siècle, elles sont incapables de déclencher tremblements de terre ou éruptions volcaniques mais peuvent y contribuer. Actuellement, en Chine, les géophysiciens en tiennent compte pour tenter de définir des lois de prévision des séismes.
Tous les atomes dont est faite la matière subissent l'influence de la gravitation universelle et des forces d'attraction propres au Soleil et à la Lune.
Les atomes constituant les corps vivants (hommes, animaux, plantes) le sont tout autant. De même qu'à la luminosité solaire ou lunaire, les végétaux y sont plus sensibles du fait de leurs formes, toujours étirées en longueur, minces, moins massives que celles du monde animal.

CROISSANCE ET MARÉES

Les tissus biologiques formant les corps vivants subissent les marées avec des intensités variant en fonction de leur plasticité, de leur élasticité, de leur souplesse naturelle. Dans l'ordre, le sérum puis les globules du sang, le sang lui-même, ou la sève, y sont plus sensibles que les sécrétions glandulaires, la peau et les feuilles souples, les muscles et les tiges, les os et les armatures ligneuses des troncs ou branches rigides.
Tout corps vivant, entité indépendante, est sujet à des marées. Comme pour les océans, l'amplitude de ces marées varie, périodiquement, en fonction des cycles de la Lune (nouvelle lune, quartiers de lune, pleine lune) et des phases de l'ensemble Terre / Lune par rapport au Soleil (équinoxes et solstices). Elle varie aussi d'un tissu vivant à un autre. Nous savons aujourd'hui mesurer ces effets de marée grâce à des palpeurs qui jaugent les flux variables des sèves montantes et descendantes.
Théodor G. Katchatourov, vice-président de l'Académie des sciences de l'U.R.S.S., nous disait à ce propos en 1968, alors que des études sur « les

DOUCHE À LA PLEINE LUNE

Pour leurs primeurs, cultures précieuses en serre ou en plein champ, les agriculteurs japonais ne traitent pas aux herbicides et antinuisibles pendant les quelques jours précédant une pleine lune. Au contraire, certains lavent alors les appareils aériens des légumes afin qu'ils reçoivent dans de meilleures conditions le rayonnement de la pleine lune.

marées biologiques» étaient déjà fort avancées en Union soviétique, à des latitudes et à des altitudes différentes : «Prenez une plante comme le tournesol qui, dans les plaines du Don où on le cultive beaucoup, atteint parfois 4 à 5 m de hauteur. Les marées influent sur la sève par le sommet de la tige avant de l'affecter au niveau de l'appareil souterrain. Il y a donc étirement de la sève ou bourrelets de compression à tous les niveaux de la plante. Cela se traduit graphiquement par des successions de nœuds et de ventres. Une partie de la plante est toujours en retard sur celle qui la domine, en avance sur celle qui se trouve sous elle, avec des résonances d'harmoniques entre zones de dépression et de compression.

«Il en est ainsi pour vous, pour moi. Le sang dans l'extrémité de nos doigts subit le phénomène des marées avec une avance sur celui du cœur. Il en est ainsi de tous les végétaux ! Mais ces décalages ont peu de conséquences sur des plantes pourvues de nombreux canaux d'irrigation, parfaitement osmosés entre eux, tels les arbres avec leurs troncs et branches. Également peu de conséquences chez les plantes basses, trapues, comme le pissenlit, où la distance est réduite entre l'appareil souterrain et l'extrémité aérienne.

«Il n'en va pas de même pour les plantes hautes sur des tiges démesurées. Les canaux de circulation de sève ne sont pas nombreux. Entre eux, les "ponts de liaison" sont relativement rares. Toute modification dans les flux de sève les traumatise, ainsi que les tissus voisins. Cela se traduit souvent par des dépérissements en cours de croissance, la sève étant aspirée par une marée dans l'extrémité d'une jeune pousse. Il survient une rupture,

LE RÉGIME DES MARÉES

Tout sur Terre est soumis au régime des marées. Nos chaussures, l'assiette dans laquelle nous mangeons, le matelas sur lequel nous couchons subissent au fil des marées des variations de dimensions de l'ordre du millionième de millimètre ! Rien n'échappe aux attractions astrales, même ce qui nous paraît le plus rigide.

le reste de la sève, plus en aval, ne suit pas, n'étant pas encore soumis à la même force d'attraction. Il se crée un trou, un vide impossible à remplir par la suite. La jeune pousse est condamnée. Nous appelons cela, en Ukraine, et depuis fort longtemps, avant que nous l'ayons expliqué, la "brûlure de lune", car de tels faits se produisent généralement en période de pleine lune, et plus souvent lors des équinoxes de printemps. La sagesse populaire avait bien compris que la cause en était la Lune, sans savoir pourquoi. A présent, nous savons ! »

Quelques années plus tard, ayant interrogé à ce sujet plusieurs agronomes soviétiques, nous obtenions de surprenantes révélations d'Alexis Vorounov, de l'Institut d'horticulture Varilov, à Moscou : « Après douze années d'études sur certaines plantes sélectionnées (tournesol, pissenlit, pois grimpant, blé, pomme de terre), nous avons réussi à définir, pour chacune, un diagramme des marées. Je dois dire des diagrammes car, pour chaque partie de chaque plante il y a des pulsations différentes d'amplitude. Pour chaque plante, c'est un véritable carillon de vibrations qui sonne apparemment dans le plus complet désordre. Quelle cacophonie ! En fait, seules les plantes vivant depuis longtemps au même endroit ou habituées héréditairement se trouvent bien de cette cacophonie ou la supportent sans gros problème. En général, la plante doit faire un effort pour s'adapter, subir et survivre. C'est parfois difficile. Comme toujours dans la nature, seuls les forts ont leur chance ! »

Vladimir Katcheranian, de l'Institut agronomique de Rostov-sur-le-Don : « Ainsi expliquons-nous, maintenant, certains échecs subis avec nos hybrides de maïs, aux épis certes plus beaux que d'autres, mais au détriment de tiges plus hautes et moins fortes. Au stade du laboratoire, de l'expérimentation, alors que nous apportions régulièrement aux plantes ce dont nous nous apercevions qu'elles avaient besoin, ce fut parfait. Mais, impossible ensuite de déboucher sur la culture de plein champ. Des irrégularités considérables de croissance parmi les plants d'une même parcelle, des scléroses et dépérissements à divers stades de cette croissance, une absence totale de résistance aux phénomènes climatiques nous amenèrent à arrêter ces expériences déplorables et à chercher d'autres voies tout en essayant de comprendre. Eh bien, c'est la Lune qui en est la cause. Elle et les marées qu'elle détermine sur toute chose terrestre. »

Quant à Mme M.-A. Pavlova, agrégée ès sciences, correspondante de l'Académie des sciences de l'U.R.S.S. et à sa collaboratrice Valentina Sokurani, horticultrice et directrice de laboratoire à Kazan, sur la Volga, elles se sont consacrées aux plantes grimpantes : « Les récentes découvertes sur l'influence des marées lunaires frappant davantage les plantes hautes et minces nous ont amenées à considérer le cas des plantes grimpantes ou rampantes, avec des tiges souples et très allongées (le rosier, par exemple), avant la lignification des tissus de plusieurs années. La vitalité de ces plantes nous paraissait aberrante face à ces marées subies. Or, nous avons remarqué qu'au contraire, les marées étaient l'un des activateurs de croissance, pompant la sève et poussant les bourgeons à croître. C'est que la grande souplesse de tous les tissus des tiges, y compris l'enveloppe extérieure, permet d'amortir les ventres et les nœuds de dépression et de compression de sève. C'est aussi que les canaux sont relativement plus larges et plus élastiques. Glycine, liseron, rosier grimpant profitent donc des marées qui sont préjudiciables à tant d'autres végétaux. Le haricot grimpant aussi, alors que le haricot nain en souffre. Pour ce qui est de la bougainvillée, nous avons remarqué aussi que fréquemment, l'apparition et la coloration des bractées d'un mauve vif, que l'on confond souvent avec les fleurs de l'arbuste, alors que celles-ci, jaunâtres, sont minuscules et insignifiantes, correspondent souvent aux flux de marée ! »

Cette influence des marées sur la floraison ou sur certaines phases de la vie des plantes nous a été confirmée au Japon mais aussi aux États-Unis. Osuki Yashinaro, ingénieur en recherches horticoles, possédait dans sa serre « de travail » une collection de *Ceropegia* dont certains mesuraient plus de 6 m de longueur en tiges retombantes, soigneusement accrochées à des supports. « Vous connaissez ces plantes magnifiques, les *Ceropegia,* herbacées vivaces dont certaines variétés sont considérées comme des plantes grasses. Elles poussent sur des tiges démesurément longues, portant comme dans la variété *Ceropegia woodii* des feuilles lancéolées presque rondes, marbrées de nervures ocrées et d'une faible pigmentation pointillée. Les fleurs sont en vase, soudées à leur sommet. Leur floraison, qui couvre presque toute l'année, respecte en général le rythme des grandes marées lunaires, un peu comme le cycle mensuel des vives-eaux et mortes-eaux pour la mer. Nous avons même pu, à l'Institut agronomique de Tokyo, mesurer d'infimes variations de dimensions des pointillés jaunâtres marquant les feuilles : quelques mil-

LE GIGANTISME DES BAMBOUS

*Certains bambous du Sud-Est asiatique, notamment des variétés géantes (*Bambusa arundinacea, Arundinaria fastuosa, Arundinaria simonii*) et le fameux bambou de Singapour, dont les tailles respectives vont de 7 à 18, voire 20 m, connaissent de fulgurantes périodes de croissance : on peut vraiment voir pousser les tiges à l'œil nu puisqu'elles s'allongent de 50 à 60 cm par jour !*
Cette croissance spectaculaire subit les pulsations des marées.
Les botanistes japonais, philippins, malais, américains, anglais qui ont observé dans le détail ces « formations visibles, appréciables » des tissus cellulaires, ont remarqué des périodes de flux, pendant trois à six heures, de croissance plus rapide. Elles sont suivies de périodes de reflux, de même durée, pendant lesquelles la croissance est relativement ralentie.
C'est l'attraction lunaire, faisant succéder ses pressions et dépressions sur la sève, qui est à l'origine de ce rythme.

lièmes de millimètre, toutes les six ou toutes les douze heures, en concordance exacte avec les marées océaniques voisines : il se trouve que l'extrême souplesse de cette plante, gorgée d'eau, lui accorde le même coefficient de résonance aux marées que celui de l'eau salée marine. »

Au Canada, près de Moose Jaw dans le Saskatchewan, mais aussi ailleurs, du Québec à la Colombie britannique, sur d'immenses superficies des ingénieurs forestiers et spécialistes de la flore sylvestre étudient les arbres indigènes de la grande forêt canadienne. L'un de ces ingénieurs, Thomas Sullivan, connaît bien le phénomène végétal des marées. « Compte tenu de leur hauteur, de leur masse, les arbres subissent les marées avec plus d'intensité que d'autres végétaux. Notre érable à sucre, par exemple, l'*Acer saccharum* (à ne pas confondre avec un autre érable nord-américain très répandu, l'*Acer saccharinum*), suinte son jus, que nous récoltons, selon les pulsations de marées. D'une fente dans l'écorce, à marée "montante", la sève suintera du bas et augmentera progressivement son débit toutes les 5 à 7 heures environ. Puis viendra la marée "descendante" durant laquelle la sève coulera de moins en moins intensément et aura tendance à venir du haut de l'entaille. En observant avec attention, un amateur peut s'en apercevoir ! »

Citons encore les recherches menées par les agronomes et horticulteurs japonais : « Il existe de très nombreuses variétés de bambous, appartenant à des genres différents. Tous ont en commun des souches rhizomateuses et traçantes, des tiges creuses, cloisonnées au niveau des nœuds et acquérant une extrême dureté après chaque croissance annuelle. Tous, aussi, sont vivaces. En revanche, la couleur des tiges est des plus variées selon les espèces. »

Le professeur Naguma Yarischi, qui les a bien étudiés, a constaté des vitesses d'allongement des pousses, en pleine croissance, exactement en rapport avec le rythme local des marées, terrestres ou marines. Cette croissance passe par des poussées et des ralentissements imputables aux marées. Mais il y a plus étonnant : « Les bambous ne portent pas des fleurs très jolies. Ce sont de gros panicules peu séduisants. La floraison des bambous est des plus capricieuses selon les espèces et variétés. Certaines sont régulières, soit en été, soit en hiver, soit aux demi-saisons. D'autres se produisent à de très longs intervalles de plusieurs années, parfois même en une seule occasion au cours de la vie de la plante, entraînant sa mort. Ce qui est assez remarquable et déroutant, c'est que, où qu'ils soient répartis de par le monde, dans leur milieu naturel ou acclimatés ailleurs, voire cultivés sous serre dans des contextes écologiques diamétralement différents du leur, tous les bambous d'une même variété fleurissent en même temps, à une heure près ! Ce décalage correspond exactement au temps nécessaire pour qu'une influence de marée se répercute sur l'ensemble des deux hémisphères. Tout se passe comme si les bambous de chaque variété étaient préréglés sur leur horloge génétique, pour fleurir à un moment donné. Plusieurs de mes confrères avaient pensé que le déclic floral aurait pu dépendre d'une valeur quantitative, la floraison se révélant lorsqu'un certain nombre de flux et reflux de marées auraient été enregistrés. Mais alors, les bambous d'une même variété seraient toujours, quelque part, en fleur. Chaque plante aurait la même durée de vie. Ce n'est pas le cas. Que deux plantes d'une même variété, situées l'une ici à Hondo et l'autre en Afrique du Sud ou dans le Midi de la France aient deux ans et dix ans, elles fleuriront au même moment. Comme toutes les autres au monde de leurs sœurs, quel que soit leur âge. La motivation est donc qualitative ! C'est l'intensité ou toute autre caractéristique d'une force d'attraction donnée émanant de l'ensemble Soleil / Lune, le plus puissant dont nous subissions l'influence, qui détermine la floraison. Et nous ne savons encore ni analyser ni expliquer cette curiosité... ! »

Plante-caillou, la *Lithops* d'Afrique du Sud, plante succulente, se donne un aspect minéral. Elle épouse jusqu'à la couleur et aux angles de clivage des pierres au milieu desquelles elle se fond afin d'échapper à la dent des chèvres, des singes et autres herbivores, dans la steppe désertique où elle vit. Elle a un aspect massif qui la rend moins sensible aux phénomènes de marées. C'est la mince fissure barrant sa fente sommitale qui s'ouvre et se ferme au rythme des marées, laissant passer une grande fleur, blanche ou jaune, semblable à une marguerite. Gazelles et antilopes découvrent parfois cette fleur, la mangent et dédaignent la plante-support. Pour elles, c'est un vulgaire caillou ! Un caillou doté, parfois, d'une autre propriété.

Certaines variétés de *Lithops* ont une table sommitale transparente qui s'éclaircit au rythme des marées et laisse filtrer la lumière de soleil et de lune jusqu'à la souche chlorophyllienne. Une légende locale veut, dans le Sud-Ouest africain et le sud de l'Angola, que la « couche de vie », cette couche de chlorophylle, monte et descende selon la lumière et avec une étonnante prescience du danger. Les premiers botanistes qui découvrirent cette plante surprenante au XIXe siècle affirment l'avoir constaté « avec une périodicité de six heures ». Ceci aurait pu correspondre aux pulsations de l'attraction lunaire. Mais aucune observation ultérieure dûment contrôlée n'est venue appuyer cette théorie. Julien Marnier-Lapostolle, qui acclimata de nombreuses variétés de *Lithops*, nous a affirmé que c'était « hautement improbable ». Ce phénomène est davantage d'essence lumineuse que gravitationnelle.

En revanche, les botanistes américains ont prouvé que certaines variétés des cierges (*Cereus*) de leurs États méridionaux (Californie du Sud, Arizona, Nouveau-Mexique) fleurissaient avec

INTERACTION VÉGÉTALE

Quand deux plantes vivent en osmose leurs réactions face aux phénomènes d'attraction lunaire sont complémentaires. On dit que « le mariage botanique est parfait ».

un rythme d'ouverture et de fermeture des fleurs exactement synchrones avec les pulsations des marées lunaires correspondant à leurs régions. Ce sont eux aussi qui, travaillant sur un arbuste chinois, le litchi (*Nephelium litchi*) dont on cultive trois variétés principales, ont révélé que les graines, sorties du fruit, ne supportent pas plus d'une pulsation lunaire. Elles perdent toute faculté germinative si, hors de l'abri de la pulpe, elles sont soumises à une seconde pulsation ascendante. Auparavant, empiriquement, les paysans chinois savaient que les graines de litchi devaient, pour germer et donner de nouvelles plantes, êtres mises en terre aussitôt débarrassées du fruit. En réalité, on dispose de quelques heures, moins de six.

LA GRAVITATION ET SES MODIFICATIONS

La force dite de gravitation qui attire tout corps vers le centre de la Terre et détermine son poids est désignée, en physique, par la lettre g. C'est une force d'accélération qui vaut, en moyenne, 9,7 m par seconde au carré : g = 9,7 m/s^2. Elle est dite constante. Cette force est perturbée par la rotation de la terre sur elle-même en 24 heures. Or, tout objet situé sous l'équateur est entraîné à une vitesse de 40 000 km/jour, soit 1 660 km/h ! En revanche, un objet situé exactement au point de chaque pôle ne bouge pas. Il tourne sur lui-même, retrouvant la même position après 24 heures. Sa vitesse de déplacement est donc égale à zéro.

Il s'ensuit une variation régulière de g, de l'accélération de gravitation en fonction de la latitude. La valeur de g est identique sur chaque cercle de latitude, dont tous les points sont à la même distance d'un pôle ou de l'équateur. Cette valeur est de

LÉGENDES BÉDOUINES

Pour les Bédouins, Soleil et Lune forment un couple difficile. Soleil est féminin, Lune, masculin. Lune est bon, gentil, aimable ; jamais un mot plus haut que l'autre ; une douceur naturelle agréable et bénéfique.
Au contraire, Soleil est une marâtre excessive, exigeante.
Le nomade, isolé dans le désert, subit les influences de ce couple mal assorti et désuni. De Soleil, il ne doit rien attendre que méchanceté. De Lune, au contraire, dépend sa survie. C'est Lune qui « de même qu'il aspire la mer sur le rivage, aspire l'eau au fond des puits et la cache parfois sous des pierres pour les nomades ». C'est Lune qui « fait sortir du sable de minuscules brins de verdure » pour que l'homme et le dromadaire puissent se nourrir.
En récompense, « Lune a, seul, le privilège de visiter les oasis et de s'y reposer » pendant la nuit, quand la température y est supportable.
Par contre, Soleil se voit interdire l'accès de ces havres de fraîcheur.
Les palmiers-dattiers qui en gardent l'accès et « y forment bouclier », les lauriers, les tamaris, toutes les plantes qui « sont amies de Lune mais n'aiment pas Soleil, lui imposent un mur et un barrage d'ombre qu'il ne peut forcer ».

9,78 103 m / s². à la latitude 0° de l'équateur, et de 9,83 110 m / s² aux pôles, à la latitude 90° nord ou 90° sud. A l'équateur, le mouvement circulaire subi engendre une force centrifuge qui diminue légèrement le poids des choses, d'environ 1 / 289e. Pour un homme pesant à Paris 59,800 kilos, cela représente 200 g : il pèserait 60 kilos au pôle Nord, alors qu'à l'équateur, la balance la plus exacte n'accuserait que 59,600 kilos. Cette variation de *g* en fonction de la latitude influence la réaction végétale aux marées lunaires, comme toute réaction vivante, animale ou humaine. La sève monte plus facilement dans les plantes, coule plus aisément de l'appareil souterrain vers les périphéries et extrémités de l'appareil aérien, sous l'équateur qu'aux pôles.

On acclimate ainsi plus facilement une plante en la « descendant » en latitude qu'en la montant, même si le contexte écologique est identique ou préférable. Lorsqu'on la monte en latitude vers les pôles, la plante est moins soulagée de son poids. La sève coule plus difficilement parce qu'elle pèse plus lourd. C'est infime : quelques milligrammes chez une graminée de gazon comme le paturin des prés, quelques centièmes de grammes pour un arbre fruitier comme le pommier ou le prunier. Mais la plante ressent cette différence qui suffit à perturber son rythme biologique, voire à le compromettre si la variation est forte. Il faut en tenir compte lors de chaque tentative d'acclimatation. C'est en raison d'une conjonction de cette variation de *g* et d'une modification du rythme des marées que la plupart des transplantations végétales ratées trouvent leur explication. La valeur de *g* est en effet une constante à laquelle tous les êtres vivants sont (inconsciemment chez l'homme) très sensibles. Et les végétaux le sont davantage en raison de leur faible masse. Changer une plante de place, sur la même latitude, à quelques degrés près, n'entraîne pas de conséquence majeure. La plante se fatigue un peu, au maximum pendant quatre saisons, puis s'habitue au nouveau rythme. Au pire, on perd une récolte, une floraison. Chez les arbres, le cercle annuel de bois correspondant est plus mince. Parfois presque indétectable.

Lorsqu'il y a modification sensible de la valeur de *g* par un déplacement très net en latitude, cette variation rend le végétal dépourvu de toute capacité de résistance et d'adaptation à un contexte nouveau. Car on peut tout reconstituer : l'air, l'eau et jusqu'à la luminosité, ainsi que le faisait dans ses serres Julien Marnier-Lapostolle. Mais on ne peut changer le rythme insensible, sauf aux détecteurs électroniques ultraperfectionnés, des marées locales.

Il arrive que l'attraction lunaire sur le nouveau site soit semblable à celle subie par l'ancien. Dans ce cas, l'acclimatation est réussie. Il se peut aussi qu'elle soit très différente, et on essuie un échec, quoi qu'on fasse. Nous en avons tenté l'expérience avec des succulentes venant du Mexique et d'Afrique du Sud. Dans la banlieue sud de Paris, certaines sont mortes ; d'autres ont végété durant plusieurs années, comme figées. Ces dernières, transportées dans une île du sud de la Bretagne, à la même latitude à quelques minutes d'arc près, s'y sont brusquement développées et ont atteint, en quatre ans, leur aspect d'origine.

LES PLANTES AQUATIQUES

Il est superflu d'accumuler de nouveaux exemples pour prouver l'influence de l'attraction lunaire (et solaire, toutes deux confondues) sur les végétaux. Soulignons au passage le rôle des végétaux aquatiques : algues vertes en surface, algues brunes échouées sur nos plages rocheuses à marée basse, algues rouges de profondeur, mais aussi nénuphars, lentilles d'eau et autres plantes dont le propre est de mourir hors du milieu liquide.

Puisque tout, en un point donné, est sensible à l'action ponctuelle de l'attraction cosmique, il est logique de penser que les plantes d'eau vivent au rythme de leur environnement, qui est entièrement aquatique ou à la fois aquatique, terrestre ou aérien. Si nous en croyons le professeur américain Douglas Strellmann, de l'université de Californie du Nord, c'est rarement le cas : « Prenez celui des *Nymphæa* : la partie essentielle de leur structure vit dans l'eau, mais ils ont un appareil souterrain et un autre aérien, les fleurs, et auparavant les boutons floraux. Par ailleurs, en tout temps les feuilles émergent, flottent. Il s'ensuit des distorsions assez importantes aux deux niveaux clefs de la plante : les bases et sommets de tiges. On pourrait presque dire qu'existent à la base et au sommet des tiges de *Nymphæa* des cellules très élastiques, disposées en coussinets amortisseurs pour compenser les effets de trois phénomènes différents de marées. »

Les plantes du genre des *Nupha*, différentes des nymphéacées, s'accommodent aussi fort bien de ces contradictions. Il en est de même pour toutes les plantes aquatiques ayant une base en terre, une extrémité sommitale à l'air et la partie moyenne plongée dans l'eau. Il y a une relative homogénéité de résonance avec trois tendances différentes.

LES ALGUES SENSIBLES AUX MARÉES

Dans un rapport de 1847 à l'Académie royale de géographie, à Londres, un botaniste britannique, Francis Larmor (1789-1857), qui avait eu l'occasion d'étudier certaines algues des Antilles et d'observer la mer des Sargasses où flottent de très longues algues brunes, racontait : « Leurs tiges sont plus ou moins proches de la surface des eaux avec une périodicité d'environ six heures, celle des alternances de marées en ces lieux. Or, rien ne s'opposait à ce que les tiges demeurent flottantes ou à peine immergées en suivant le rythme des marées. Elles le suivaient pour une part. Mais, pour une autre, elles paraissaient animées d'un mouvement propre identique d'une baie à une autre, d'une île à une autre, pour des algues d'une même variété. Comme s'il y avait là un facteur caractéristique à chaque plante ! »

Tout est différent avec les plantes flottantes, dites sans racines, comme les lentilles d'eau du genre *Wolffia* (d'autres plantes du même nom appartiennent au genre *Lemna* et ont des racines). Elles ont une fronde, sorte de feuille plate, allongée, aux extrémités recourbées et définissant des cavités d'où sortiront les courtes tiges à fleurs et les rameaux de reproduction. Cette fronde est en partie submergée et se colle avec une telle vigueur aux autres que, très vite, elle recouvre les lacs, étangs, mares, canaux, rivières. Mais si les *Lemna* réagissent un peu comme les *Nymphæa* à l'attraction lunaire et à sa triple expression pour elles, les *Wolffia* n'ont, à ce sujet, qu'une double personnalité, qui dépend de leur coefficient de résonance personnel aux flux et reflux subis.

Les horticulteurs japonais, coréens, formosans ont poussé très avant l'étude du cas des *Nymphæa*. Cette plante, par sa fleur remarquable, étant presque sacrée en Asie extrême-orientale. Les fleurs sont souvent portées assez haut au-dessus de l'eau. Les botanistes pensent que cette longueur aérienne des tiges, qui semble inutile, aurait pour but de mettre très nettement la fleur à l'abri d'un flux de marée. Le végétal analyserait mal la masse du milieu liquide dans lequel il vit, et donc son amplitude mathématique possible de marée. Il se garderait de cette imprécision par une marge de sécurité. Les botanistes pensent aussi que cette hauteur aérienne importante des tiges florales a pour but de bien isoler la fleur, organe fragile, avec sa résonance propre aux phénomènes d'attraction, de l'eau, dont les résonances sont différentes.

Avec les algues, nous retrouvons une attitude végétale un peu semblable à celle des lentilles d'eau du genre *Wolffia,* sans racines. Les algues sont formées d'un thalle fixé à un rocher ou à une épave par des crampons. Celui-ci se divise ensuite en lames allongées pouvant, chez certaines espèces, se parsemer de bulles, de vésicules pleines de gaz et destinées à faire flotter l'algue, quels que soient les remous de l'eau, les rythmes de marées, les mouvements de houle, les agitations des vagues.

On note deux résonances à l'attraction lunaire : celle qui, unique, est propre à l'ensemble de la plante et celle qui résulte, par écho, des marées de l'eau ambiante. Cette dernière influence dépend de la masse environnante. Elle est fort différente, par exemple, sur une distance de moins de cent kilomètres, pour les algues vivant à l'entrée des détroits danois, côté mer Baltique et pour celles, accrochées à la sortie, côté Atlantique. Diverses écoles botaniques, suédoise, japonaise, voient dans ces algues, du fait de ces différences, des variétés fort proches les unes des autres, mais néanmoins caractérisées.

Nous devons considérer à part les algues terrestres qui croissent en milieu aérien. Il s'agit d'algues vertes microscopiques, proliférant sur les côtés des troncs d'arbres, des murs, exposés à la pluie. Elles confèrent aux écorces, aux pierres, au ciment une teinte verte. Appartiennent aussi à ces algues terrestres ce que les jardiniers appellent « crachats de lune ». Il s'agit de plaques gélatineuses d'un bleu noirâtre, se parcheminant en l'absence d'humidité. Elles recouvrent par intervalles la terre gorgée d'eau. Ce sont des proliférations d'algues bleues minuscules du genre *Nostoc*. Ces algues aériennes survivent en raison d'une très forte humidité là où elles s'accrochent. Elles parviennent à s'imprégner, à s'envelopper d'eau, vivant comme dans un milieu liquide. A notre connaissance, leurs réactions aux phénomènes de marées n'ont pas été étudiées. Mais, compte tenu de leur taille infime, il est probable qu'elles diffèrent peu de celles du substratum sur lequel elles sont fixées.

Ainsi, aucune forme végétale, des plus simples (bactéries) aux plus complexes (plantes à fleurs), en passant par lichens et fougères, n'échappe à l'influence de l'attraction lunaire. C'est là l'un des domaines de la recherche botanique où l'on doit s'attendre à d'étonnantes découvertes au cours des décennies à venir.

LIGNES D'ÉNERGIE ET CHAMPS MAGNÉTIQUES

La boussole indique le nord. Nous précisons notre position, en tous points de la planète, par rapport aux quatre points cardinaux. Ceux-ci pourraient résulter d'un principe artificiel de nécessité, de facilité. Ils s'appuient sur la réalité du champ magnétique terrestre.

Sans entrer dans des principes de physique, il faut savoir que le mouvement des éléments constituants de l'atome crée un environnement « étrange » qui attire ou repousse certains corps à la manière de deux barres aimantées dont les mêmes pôles se rejettent. Il est à la base du phénomène de gravitation, d'attirance mutuelle des corps entre eux, tant sur la Terre que dans l'univers. Pour les globes célestes — notre planète en est un —, cet environnement est appelé champ magnétique. Il est d'autant plus intense que les ensembles d'atomes constituant la matière sont brassés selon des courants, réguliers ou non. Or, nous connaissons trois sortes de courants de matière : les courants aériens, les courants marins, les courants telluriques, enchevêtrant en spirales la matière visqueuse du centre de la Terre, située immédiatement sous la croûte de surface.

UN CHAMP MAGNÉTIQUE PERTURBÉ

Le champ magnétique terrestre résulte des multiples tourbillons de matière dont notre planète est formée. Ce champ est influencé par les rayonnements que nous subissons de l'espace. La Lune joue là un rôle de loupe. Ce rôle est à tout moment variable puisque la Lune n'est à aucun instant au même endroit du ciel pour deux points différents de la planète.

MESURER LES INFLUENCES DE LA LUNE

La vitesse de circulation de la sève,
sa composition chimique et ses potentiels
d'énergie (dont la source est
dans les oligo-éléments que les racines
de la plante puisent dans la terre,
ou dans son environnement s'il s'agit
d'une plante épiphyte), sa richesse
en carbone puisé dans l'air qu'elle respire
sont différents et caractéristiques
dans leurs grandes lignes
pour chaque famille végétale,
chaque espèce, chaque variété.
Ils diffèrent aussi selon les individus
au sein d'un même groupe.
Chaque végétal possède individuellement
les caractères de ses semblables
mais avec des particularismes
qui font son identité, sa « personnalité ».
Rien de surprenant à cela.
La tension sanguine, le pouvoir
nutritionnel des éléments consommés,
tous les particularismes
d'un être vivant animal sont différents
selon qu'il s'agit d'un loup, d'un zèbre,
d'un homme.
Ils varient aussi selon chaque loup,
chaque zèbre, chaque homme,
en fonction de leur morphologie
mais aussi de leur potentiel physiologique
et dans le temps.
C'est en comparant très soigneusement
les mesures, scientifiquement
et techniquement aussi parfaites
que possible, obtenues par les botanistes
que l'on peut constater les réactions
des végétaux et leur associer
une variation donnée du contexte
ambiant, d'un quelconque des facteurs
le composant.

Le champ magnétique qui nous baigne est donc un tout, avec ses lois, ses règles, ses particularités immuables. Il est formé d'une quantité de propriétés ponctuelles, différentes les unes des autres et variables dans le temps selon les rythmes lunaires. Nous pouvons donc dresser un tableau simplifié de ce qui se passe en tout point donné (une maison, un champ, un jardin, un pré de montagne, une lande de bord de mer, etc.).

– Le champ magnétique est variable en intensité et en direction d'un point à un autre.

– Le champ magnétique est perturbé par les cycles du Soleil et de la Lune mais de manière inégale selon ce qu'il est en sens et en intensité. Ses rapports d'expression ne sont donc jamais comparables dans le temps ni dans l'espace.

– Certains phénomènes cycliques de l'espace le perturbent. C'est le cas des déplacements, rétrécissements, élargissements des taches solaires, des explosions et éruptions agitant la surface solaire, des éclipses de lune ou de soleil, des passages à proximité de la terre de comètes ou d'astéroïdes, des chutes de météorites.

– Le champ magnétique connaît enfin des « aberrances » permanentes ou inattendues et fugitives. Les premières sont dues, entre autres, à la présence dans le manteau de la croûte terrestre de noyaux de fer magnétique, un fer presque pur. Les secondes sont motivées par l'agitation des masses visqueuses sous-jacentes à la croûte terrestre. Parfois, des volumes riches en minerais ferrugineux se rapprochent de la surface et bouleversent le champ magnétique. Dans ces deux cas, l'aiguille de la boussole ne sait plus où est le nord. Or, tout être vivant (animal, ou plante) subit le champ magnétique de son environnement. Tout ce qui est « lui », ses états physiologiques, ses humeurs psychologiques, en supporte les conséquences. Depuis plusieurs millénaires, médecins védiques, hindous, pharaoniques, chinois conseillent à l'homme de dormir la tête à l'est ou au nord, selon les lieux. Empirisme, certes, mais dont nous savons à présent qu'il correspond exactement aux réalités scientifiques.

Pour un homme, dormir ainsi, c'est mieux se détendre. C'est mettre davantage au repos son cerveau. C'est obtenir une relaxation musculaire plus profonde, la charge électrique résiduelle des fibrilles musculaires s'écoulant « en phase » avec le champ magnétique au lieu de le heurter. De même, on a remarqué que les animaux se reposent ou se couchent dans des conditions optimales par rapport au champ électromagnétique local. Une fois encore, ce sont les végétaux qui sont les plus sensibles aux infimes variations du champ magnétique. Ces dernières conditionnent la vie entière de la plante. Les agronomes australiens ont, à ce sujet, accumulé des observations symptomatiques : « Nous avons pu mener des études précises en observant des plants de tomates, de jeunes eucalyptus et des rosiers de différentes variétés dans diverses conditions de variations, infimes mais vérifiées, du champ magnétique, notamment lors d'éclipses totales et partielles de soleil ou de lune, lors d'éruptions solaires et de flux d'une densité anormale de rayons cosmiques. Nous avons toujours remarqué, à ce sujet, que les variations du champ magnétique suivaient toujours le rythme lunaire comme si notre satellite naturel focalisait les actions extérieures que nous subissons. Nous avons noté dans nos laboratoires des environs de Melbourne, mais aussi en d'autres régions, à Adélaïde, à Canberra, Albany, Bathurst, Brisbane, des irrégularités dans la circulation de la sève chaque fois que le champ variait. Également, des modifications dans l'exposition des feuilles, l'ouverture des fleurs, nous ont alertés. Nous avons enfin remarqué d'étranges blocages dans le rythme de nutrition au niveau des racines ou à celui des sacs de réserves alimentaires. Autre observation : une sensibilité accrue aux agressions extérieures, cryptogamiques et de la part d'insectes. »

Quelques années auparavant, Mme M.-A. Pavlova nous avait confié : « Il est parfois curieux de voir à quel point les végétaux sont sensibles aux moindres facteurs de leur environnement. Vous savez quelles variations infimes affectent, par exemple, notre champ magnétique terrestre en fonction d'influences cosmiques, des cycles du Soleil et surtout de la Lune. Toute variation infime de déclinaison, d'inclinaison, de composante horizontale ou complémentaire, de composante verticale, entraîne des accélérations ou ralentissements de croissance. Et des récoltes entières, de céréales, de fruits peuvent être compromises, diminuées ou anéanties de ce fait. Par exemple, lorsque ces per-

turbations se produisent lors de la nouaison des fruits après floraison.
« Les conséquences de ces influences du magnétisme terrestre sont parfois aberrantes. En zoologie, on leur attribue des naissances monstrueuses de veaux à cinq pattes ou à deux têtes. Chez l'homme, mais sans preuve irréfutable, des cas de mongolisme, de jumeaux siamois, sont pressentis. Dans le monde végétal, quantités d'anomalies surprennent : récoltes de tubercules géants de pommes de terre, de betteraves (certains de plus de 5 kg), de fruits gigantesques. En 1964, au Canada, dans la province du Manitoba, d'innombrables pommes ont été cueillies, pesant de 800 à 1 500 g chacune. Les spécialistes attribuent également à ces causes des croissances anormales : des sapins (*Abies pectinata*) de plus de 3 m de diamètre. On pourrait citer des milliers de faits comparables. »

LUNE, ASTROLOGIE ET VIE VÉGÉTALE

L'astrologie est selon le *Dictionnaire usuel Quillet*, « l'étude des astres dans leur prétendue influence sur le caractère et la vie des hommes ». On pense que l'astrologie judiciaire a pris naissance en Chaldée, d'où elle passa en Perse, dans l'Inde, en Égypte puis en Grèce, en Italie et dans le reste du monde. Hippocrate et Galien en firent les fondements de la médecine. Les spéculations astrologiques connurent une vogue particulière pendant la Renaissance et des savants comme Kepler et Cassini les tinrent en honneur. L'astrologie essuya au XIXe siècle les sarcasmes des hommes de science matérialistes, mais elle connaît un renouveau de faveur.
Cet « art » tend à devenir une « science » et à être pris au sérieux, même par des esprits cartésiens. Cela sous-entend toutefois des précautions extrêmes, des limites et une méthodologie que certains spécialistes ont

adoptés. Cela implique aussi quelques données de base nouvelles. Des travaux chinois, japonais et américains tendent, actuellement, à considérer deux configurations d'influences astrales. Celle qui préside au moment de la naissance (cet instant est connu, à la minute près). Mais aussi celle qui avait cours au moment de la conception, véritable naissance réelle, création de l'être. Or, sauf en d'assez rares exceptions, cet instant n'est pas connu. A peine peut-on le préciser à une journée près. Parfois avec un risque d'erreur d'une semaine. D'autre part, et à l'instigation des chercheurs soviétiques, on tend à considérer que, si influences astrales il y a, elles affectent tous les êtres vivants, animaux et végétaux. Et pas uniquement l'homme.

SENTEURS PIMENTÉES

La plupart des plantes odorantes (lavande, menthe, basilic) sentent plus ou moins en fonction des variations du champ magnétique terrestre de leur lieu de plantation.

ASTROLOGIE ET RYTHMES LUNAIRES

L'astrologie peut donc être considérée comme une méthode tendant à définir l'environnement psychique, l'état caractériel d'un être. De là, on peut déduire ses prédispositions face aux événements et même un canevas prédéterminé, dans ses grandes lignes, du devenir. Pour l'instant, il semble que la véracité des analyses astrologiques se limite au cadre zodiacal (périodes d'une trentaine de jours) et, à l'intérieur de ce cadre, à la notion de décan (dix jours) qui tend d'ailleurs en ex-Union soviétique, en Chine, au Japon, à céder la place à celle de quartier (rythme lunaire).

Les influences astrales tiennent compte des positions et attractions respectives de tous les astres du système solaire, Soleil et planètes. C'est là encore la Lune, qui de par sa relative proximité de la Terre, paraît déterminante. Non seulement par son action propre mais en modifiant, accentuant ou atténuant les influences émanant des autres astres. Selon les savants de l'ex-URSS, « il est indubitable que le monde végétal, plus encore que le monde animal, est influencé par le cadre astrologique, notamment par l'action lunaire dans le cadre astrologique ».

Le professeur W.A. Strobusky, de l'Institut de parapsychologie de Saint-Pétersbourg, détaché au Centre de recherches agronomiques, entre autres savants de toutes nationalités partageant son avis, etait même formel : « Pourquoi voudriez-vous que seuls les êtres humains soient réceptifs aux influences astrales ? Il n'y a pas de raison et, à la réflexion, c'est parfaitement illogique ! Au contraire, l'homme, de par son intelligence, doit quand même se préserver une part de libre arbitre. Ceci est vrai pour tous les signes zodiacaux, notamment pour les signes dits "forts" (Bélier, Lion, Scorpion, Sagittaire, Capricorne), encore que ceux-ci subissent intensément les influences de l'au-delà planétaire, rayons cosmiques et autres ondes nous parvenant de l'univers. Mais les végétaux sont fixes au sol. Si l'on excepte leurs graines, disséminées par les animaux et le vent, ils ont besoin de l'homme pour être déplacés. Opérations qui, d'ailleurs, ne sont pas simples. Beaucoup de ces végétaux ne s'acclimatent pas au sein de leur nouvel environnement, et dépérissent (voir à ce sujet *Les États d'âme des plantes*, par Robert Frédérick).

Vous savez que nous avons réussi, en ex-U.R.S.S., à photographier l'aura des plantes, ce rayonnement hors de la gamme d'ondes que peut apprécier l'œil humain, mais qui traduit l'intensité de la vie, de l'activité physiologique. Comme il en est, d'ailleurs, pour les animaux, dont l'homme. L'analyse de ce rayonnement nous a permis de déceler chez des plantes vivaces des permanences "caractérielles" et des réactions conditionnant l'attitude de chaque plante face à un incident, normal, prévu ou perturbateur. Nous avons remarqué que, chaque année, à la même période zodiacale, on retrouve les mêmes franges de rayonnements, à ceci près

LE « TRIANGLE MAGNÉTIQUE »

Parmi les nombreux axes de recherches suivis par les scientifiques qui se penchent sur le mystère du « triangle des Bermudes », on peut relever :

– inversions et anomalies du champ magnétique avec cycles suivant les phases solaires et lunaires ;

– variations des axes de développement, en fonction de ces inversions et anomalies, des immenses étendues flottantes de sargasses et autres algues ;

– étude et analyse des réactions de ces algues, ainsi que des poissons locaux, à ces modifications du champ magnétique.

Et, plus loin dans le cahier des hypothèses de recherches, certains « espaces-temps » et des moments précis doivent être retenus en priorité pour toutes les recherches, sur le terrain, touchant plus ou moins au champ magnétique :

– pleines lunes, nouvelles lunes et quartiers de lune ;

– éclipses, notamment de lune ;

– plus grand éloignement et plus grand rapprochement de la Lune par rapport à la Terre avec influences sur les êtres vivants, hommes, animaux océaniques ou aériens, végétaux flottants et fixés.

qu'elles sont plus ou moins décalées en fonction des phases de lune. Et ceci n'est pas surprenant lorsqu'on sait que la Lune centralise et filtre toutes les influences, corpusculaires et autres, nous venant de l'espace, y imprimant souvent sa marque jusqu'à les modifier sensiblement.

« Sur de jeunes charmes nains, sur des bouleaux, sur des cotoneasters, des lilas, des épines blanches et roses, des azalées, des hortensias, nous avons pu suivre ces correspondances zodiacales sur plusieurs années. C'est encore insuffisant pour affirmer quoi que ce soit à ce sujet mais nous estimons qu'il y a là une voie intéressante à suivre.

« Toujours dans le même ordre de travaux, nous avons remarqué des similitudes de comportement physiologique entre végétaux ayant germé au même moment. Non seulement entre végétaux d'une même espèce, d'une même variété, mais entre des plantes différentes. En revanche, nous avons enregistré des différences notables de comportement entre des plantes issues du même groupe de graines, mais germées à des périodes différentes.

« Il est indéniable que tous les végétaux nés à la vie au cours d'une même fenêtre zodiacale présentent des similitudes. Et qu'on retrouve ces ressemblances de comportement, à quelques nuances près, tous les ans, sous la même influence zodiacale. Il faut alors tenir compte des correspondances de lune ascendante ou descendante, proche de son renouvellement ou de son plein, et l'on constatera avec étonnement l'ampleur des similitudes. Je

DES FLEURS MAGNÉTISÉES

Les horticulteurs japonais savent depuis plusieurs siècles que les sauges, bégonias, œillets d'Inde, impatiens et autres plantes à fleurs sont extrêmement capricieux sur l'archipel nippon et qu'il ne faut pas les planter n'importe où. A quelques dizaines de mètres de distance seulement, dans une même terre, exposés de façon identique, les uns viendront à merveille, les autres dépériront en quelques jours. On n'est pas pour autant assuré de voir les plantes qui ont bien repris au printemps durer jusqu'à l'automne. Parfois elles se sclérosent brusquement : leurs tiges se durcissent, comme privées de toute sève, les feuilles tombent, les pétales de fleurs sèchent.

Il en est découlé une spécification très précise des parcelles de terrain, jardins et même jardinières de fenêtres ou pots d'ornement. On sait qu'à tel endroit, il faut planter telle variété mais jamais telle autre, sous peine d'échec.

C'est en 1963, après plusieurs années d'études précises, que les agronomes nippons ont pu avancer une explication plausible, mais non encore confirmée, de ces particularismes : le sous-sol de l'archipel nippon est « travaillé » par d'intenses courants de convections telluriques, du fait des nombreux appareils volcaniques qui offrent autant de soupapes à la pression du magma visqueux sous-jacent à la croûte terrestre. Il s'ensuit des variations, cycliques ou non, prévisibles ou non, des caractéristiques magnétiques, de surface mais aussi aériennes. Ce sont ces variations qui influent sur certains végétaux particulièrement sensibles.

puis fournir une preuve tangible concernant des épines blanches et roses.

« Ces dernières années, une épidémie bactérienne a affecté des arbustes dans tout le bassin du lac Ladoga et jusqu'au lac Peipous. Cette épidémie a affaibli les épines, donnant prise à des invasions d'insectes qui ont achevé de les mettre à mal. Ces pucerons sont indécelables à temps. Lorsqu'on peut agir, il est trop tard. Des dizaines de milliers d'arbustes ont péri.

« Curieusement, d'autres ont résisté, à proximité immédiate, étant plus ou moins perturbés, affectés, ralentis dans leur croissance, abîmés mais parvenant à surmonter le mal. Ils sont maintenant hors d'affaire, sauvés et plus vivaces que jamais. Pourquoi ? Eh bien, nos chercheurs ont analysé tous les paramètres. La qualité du sol n'était pas en cause. La météorologie ne pouvait pas davantage être incriminée. Les épines, tant celles qui périrent que celles qui survécurent à l'épidémie, se trouvaient exposées aux mêmes régimes des vents, de pluviométrie, aux mêmes écarts thermiques, aux mêmes expositions solaires et lunaires. En revanche, nous avons décelé certaines analogies dans le degré de résistance opposé par chaque plante au mal, avec les caractéristiques du champ magnétique ponctuel. Mais surtout avaient mieux résisté les épines dont on pouvait savoir qu'elles étaient "nées" là où elles s'étaient développées, et en période de lune ascendante, qui plus est à des périodes déterminées de l'année correspondant à des influences astrales très énergétiques.

« La plupart des épines qui périrent et dont nous pûmes retrouver les origines étaient, soit "nées" en lune descendante, soit sous des influences astrales "faibles", ou encore elles avaient été transplantées sans que l'on tienne compte des phases de lune ni des différences entre les champs magnétiques.

« Statistiquement, l'hypothèse est plus que crédible. Par d'autres observations, nous avons acquis la conviction que c'était là une explication plus que valable et sans doute exacte. Il ne faut rien négliger de ce qui peut avoir une influence sur la vie, quelle que soit sa forme d'expression.

« Or, les rayonnements que subit un jeune être au moment où il germe ne peuvent que marquer son devenir et le prédisposer pour toute son existence. Je ne vois rien là qui ne soit pas scientifique. D'ailleurs… les faits parlent ! » Une telle opinion révolutionnaire, et rejetée systématiquement par les scientifiques il y a encore quelques lustres, commence à s'imposer dans les milieux intellectuels.

L'ÉPICÉA DYNAMISÉ

Les ingénieurs agronomes russes pensent que l'une des explications de la vitalité de l'épicéa, conifère s'adaptant à tous les sols de montagne, est sa relative indifférence aux variations du champ magnétique local. Ses fonctions diverses semblent dynamisées par des modifications du champ, dans l'un ou l'autre sens, alors que la plupart des autres végétaux sont freinés dans leur développement.

LES « FENÊTRES » LUNAIRES

Sur les bases des recherches activement menées, quelles qu'elles soient, les agronomes russes, américains, chinois et japonais commencent un catalogue des « fenêtres » annuelles favorables et défavorables par types de plantes. Ensuite, ils affineront ces classements en tenant compte de particularismes géographiques : hémisphère boréal ou austral, topographie, etc., climatiques et météorologiques. « Il faudra également tenir compte des influences de proximité car nous avons constaté, par exemple, que des rosiers de même variété, de même force, transplantés en mêmes conditions, supporteront ou non le voisinage d'autres végétaux selon que leur transplantation se sera faite à lune montante ou descendante, selon qu'il y a correspondance entre ce cycle de lune et celui ayant présidé à leur naissance. »

D'ores et déjà, on sait que la plupart des arbres « nés » ou transplantés en lune montante sont plus vivaces que ceux nés ou transplantés en lune descendante. On sait également qu'ils sont promis à une croissance plus rapide, à un port plus majestueux, à une plus grande longévité s'ils sont nés ou transplantés des derniers jours d'octobre à janvier. Et, aussi car cette « fenêtre » de temps se situe en dehors de la période communément admise pour des plantations d'arbres, fin avril et début mai. Or, il s'agit justement, de « fenêtres » zodiacales considérées comme fortes ! Au contraire, il semble que transplantations ou germinations en septembre, en octobre, en février, en mars sont moins bénéfiques.

Ce sont là, pour l'instant, des lignes très générales résultant d'études encore très incomplètes mais elles sont symptomatiques et toujours selon le professeur W.A. Strobusky : « S'il est certain que ces tendances varieront pour des détails ou des intensités d'une espèce à une autre, selon aussi le positionnement géographique, il reste à peu près sûr qu'elles ne seront pas infirmées, pour l'essentiel. »

D'autres exemples abondent quant aux influences astrales sur les végétaux. Ne les cherchons plus dans les laboratoires de recherche mais dans nos campagnes, nos parcs, nos jardins. Souvent, pour fêter une naissance, un mariage, un événement marquant, on plante un arbre ou l'on jette en terre un noyau de cerise, de pêche, d'abricot, de mirabelle, ou une noix ! Impossible de douter de la période de plantation. On peut aussi cerner avec une relative proximité le moment de germination. A plusieurs reprises, des chercheurs préparant une thèse ou menant des travaux sur la vitalité des végétaux ont cherché à obtenir des renseignements quant à ces arbres ou arbustes « de fête ». On a toujours remarqué l'influence bénéfique de la lune montante, notamment pour ses premiers huit jours, et de certaines « fenêtres » zodiacales correspondant, à peu près, aux signes du Taureau, du Bélier, du Lion, du Scorpion, du Sagittaire, du Capricorne. Karl-Anton Obrecht, l'un des maîtres ouest-allemands de la parapsychologie et de l'astrologie rapportée aux caractères vivants, est bien près d'affirmer qu'on peut prévoir la destinée d'une plante et son rapport économique ou sa valeur esthétique par sa « naissance zodiacale » : « Je crois que ce que l'on peut définir comme éléments du comportement pour un être humain en fonction de sa configuration astrale est également valable pour les animaux et plus encore pour les végétaux. Bien sûr, il y a des degrés de correspondance et des exceptions, chez les animaux et les végétaux comme chez les êtres humains. Mais la règle doit demeurer valable. Je suis persuadé que dans quelques années, quelques décennies au plus, on parviendra à prouver cela. Ce sera un grand pas pour l'humanité car on saura mieux cultiver la terre, et donc produire davantage et lutter contre la faim dans le monde. »

La plupart des botanistes et savants de toutes disciplines évoluent dans le sens d'une reconnaissance des influences astrales sur les êtres vivants. Certes, ils sont prudents en la matière mais repoussent cette attitude négative qui, depuis quatre siècles, a rejeté l'astrologie en marge des sciences vraies, dans le domaine des affabulations et des sortilèges. Le grand Albert Einstein lui-même avait confié malicieusement à ses élèves américains qu'il croyait bien que nos signes zodiacaux influençaient tous nos actes, que nous soyons hommes, singes ou arbres ! Quant à notre ami Julien Marnier-Lapostolle, atteint du « doute des scientifiques » refusant de croire aux influences astrales, il affirmait : « Moi non plus, je n'y croyais pas dans ma jeunesse. On n'aime jamais être prédestiné selon un plan dans les options duquel on n'a aucune part de choix. Pourtant, je dois bien admettre d'étranges correspondances entre ce que font les gens et ce que leur prédit auparavant leur thème zodiacal. Trop de correspondances pour qu'elles soient le fruit du hasard. Il y a donc quelque chose. Et en raisonnant bien, j'ai compris qu'au fond, ces influences astrales ne sont qu'une forme des rayonnements que, tous ici sur la Terre, vivants ou inanimés, nous subissons de la Lune, du Soleil, des autres planètes du système solaire… Chaleur, lumière, rayons cosmiques et autres… Nous subissons tout et il n'y a pas de raison pour que ce ne soit pas en fonction des cycles zodiacaux.

« Les Anciens qui, empiriquement, définirent ces cycles sur la foi d'observations millénaires, n'ont pu se tromper. Nul doute que la science ne découvre, plus tard, ce qu'ils savaient déjà, en cela comme en toutes choses. Je le crois possible, sans pouvoir l'expliquer, mais nous ignorons tant de choses que nous savons pourtant exister ! »

LA LUNE ET LES TRAVAUX DE LA TERRE

CÉRÉALES ET PLANTES FOURRAGÈRES

Le premier « geste agricole » de la civilisation humaine fut de cueillir. Le second fut de semer.
Il est surprenant de constater que des légendes dont les origines remontent parfois à des millénaires signalent toutes qu'il faut semer en lune montante, toujours deux ou trois jours avant la pleine lune. Ces légendes nous viennent de l'Égypte ancienne et de tout le bassin du Nil, des bassins du Tigre et de l'Euphrate, de la Chine du Nord, berceaux de notre civilisation.

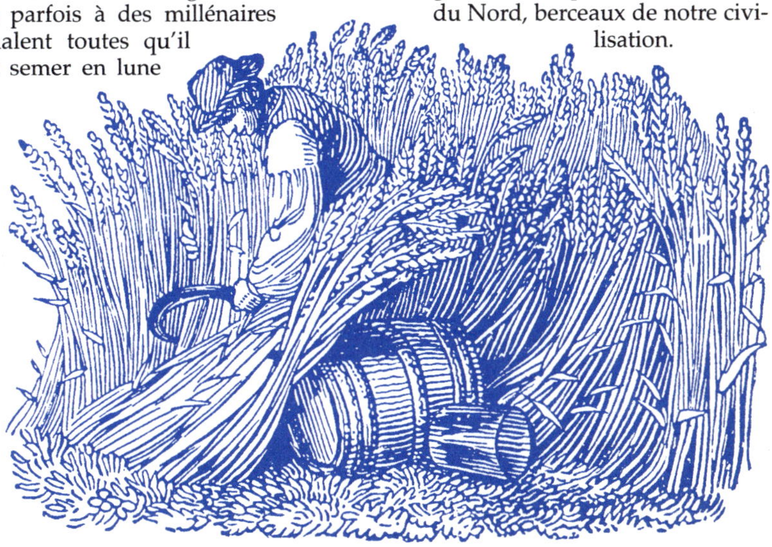

Par la suite, des affirmations analogues apparaissent dans légendes et dictons japonais, incas, aztèques, et de nombreux royaumes africains. Impossible d'imaginer qu'il ait pu y avoir influences d'opinions. D'autant que ces légendes, dictons, traditions portent sur des céréales ou d'autres végétaux très différents les uns des autres. L'étonnant est sans doute qu'en ce domaine, que nous appellerons culture des champs et prairies, plus qu'en tout autre, la science moderne a entériné ces surprenantes similitudes d'empirisme.
Donc, toujours semer sur champ, quoi qu'on sème, de cinq à deux jours avant la pleine lune. C'est assez pour laisser à la graine le soin de s'habituer à son site avant de subir l'influx énergétique maximal, suivi d'une tranquillité de quatorze jours pour préparer sa première évolution. Ceci est vrai pour les graines naturelles de toutes sortes (blé, orge, avoine, seigle, millet, sorgho, riz) et l'est également pour les hybrides.

LE FROMENT

Le semis doit être réalisé deux jours avant la pleine lune. Pour les blés d'hiver, le labour doit s'effectuer pendant la nouvelle lune précédente, ceci jusqu'à une latitude correspondant à peu près, en France, à la ligne de la Somme, au nord de l'Aisne, aux départements de la Meuse, de la Meurthe-et-Moselle et du Bas-Rhin. (Cette limite se poursuit en Allemagne par le sud du Land de Bade-Wurtemberg et rejoint la basse Autriche. Elle remonte assez haut en Bavière au nord de Munich, puis coupe la plaine hongroise, les Carpathes et l'Ukraine à peu près en son milieu nord/sud.) Au-dessus de cette ligne assez bien délimitée, il est conseillé de semer deux jours plus tôt, soit quatre jours avant la pleine lune.
Les blés de printemps seront, autant que possible, semés deux jours avant une pleine lune au sud de la Loire. Un jour plus tôt au nord de ce fleuve, en nouvelle Champagne, Beauce et Brie. Toutefois, chaque agriculteur sait tenir compte de micro-climats ponctuels et de traditions ancestrales qui peuvent l'amener à prendre certaines libertés,

allant jusqu'à deux ou trois jours, avec ces règles globales. Pour les blés tendres en Europe, on gagne de 25 à 80 % de récolte en agissant ainsi.
Par la suite et jusqu'à la formation du blé en tuyau, les travaux concernant les emblavures devront tous être effectués autour du premier quartier ou entre premier quartier et pleine lune, ce qui laisse à l'agriculteur une tolérance d'une dizaine de jours par mois. Pour ce qui est des blés durs, les semailles optimales sont variables en fonction de la latitude. Deux à trois jours avant une pleine lune en France méridionale, en Italie du Nord et en Grèce septentrionale. Trois à quatre jours avant cette pleine lune en Corse, Sardaigne et Italie centrale. Jusqu'à quatre et même cinq jours en Italie du Sud et en Afrique du Nord. A l'autre extrémité de la croissance du froment, la moisson – du moins quand les circonstances climatiques le permettent – doit s'effectuer à lune descendante, et si possible, entre pleine lune et dernier quartier. Le grain est alors à son taux maximal de richesse et de poids.
Il faut éviter à tout prix, sauf risque de destruction prévisible, de moissonner en lune ascendante, surtout avant le premier quartier. Le grain perdra trop de poids au séchage, sera moins riche et se conservera moins bien. En Ukraine, jusqu'à l'avènement du régime soviétique, on avait coutume de réserver à la nourriture du bétail le froment qu'on devait ainsi récolter en début de lune ascendante. En revanche, celui qui était moissonné le jour suivant la pleine lune était réservé au maître.
L'engrangement en silo est souhaitable entre la pleine lune et le dernier quartier suivant la moisson, soit environ un mois plus tard. Cette condition est rarement respectée ! Enfin, le brûlis des chaumes est préférable, lui aussi, en début de lune descendante et à la rigueur jusqu'à la nouvelle lune. Éviter la période de lune ascendante qui rend les éléments minéraux consumés moins assimilables par la terre.

CÉRÉALES EUROPÉENNES SECONDAIRES

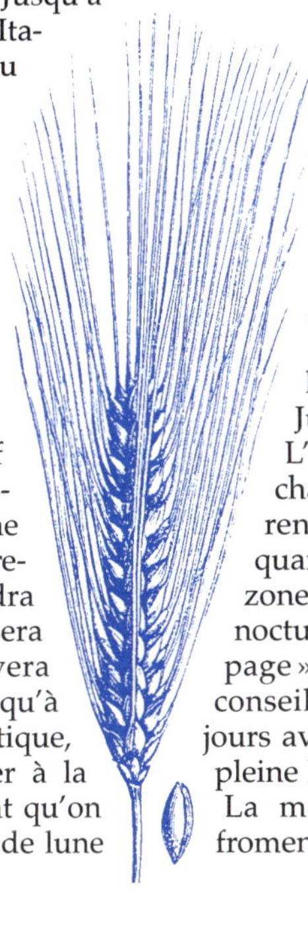

L'**ORGE** doit être semé deux jours avant la pleine lune dans les régions de France soumises au climat océanique. La période optimale de semailles recule jusqu'à quatre jours avant cette pleine lune à mesure qu'on va vers l'est : Lorraine, Alsace, Jura et vallées alpines.
L'entretien de l'orge sur champ doit se faire de préférence autour du premier quartier, sauf dans certaines zones très exposées aux ciels nocturnes clairs et au « pompage » de lune. Il est alors conseillé d'opérer entre trois jours avant et trois jours après la pleine lune.
La moisson, comme pour le froment, donnera les meilleurs

résultats si elle est pratiquée entre pleine lune et dernier quartier.

Le **SEIGLE** doit être semé de préférence une veille de pleine lune au nord de la Loire, deux à trois jours avant au sud de ce fleuve et du Rhône moyen, entre Ain et Savoie. En Bretagne, suivant les expositions, on peut aussi semer plusieurs jours avant la pleine lune, en profitant de la douceur climatologique.
Entretien souhaitable sur champ : entre premier quartier et pleine lune. Moisson juste avant ou après la pleine lune, avec toutefois un décalage vers le dernier quartier dans l'extrême est du pays (Lorraine, Alsace, Franche-Comté).

L'**AVOINE** fait quelque peu exception. Elle n'obéit pas à des règles aussi strictes par rapport au cycle lunaire et semble être plus sensible que les autres céréales à d'autres influences astrales, notamment aux bombardements de rayons cosmiques, aux flux émanant des taches ou des éruptions solaires ainsi qu'aux phénomènes de marées. C'est l'une des rares céréales sensibles à toutes les influences venues de l'espace. On peut la semer entre dix jours et vingt-quatre heures avant une pleine lune selon les lieux. Les agriculteurs se transmettent de génération en génération le moment optimal. De même, les périodes d'entretien sur champ peuvent s'étaler de la nouvelle à la pleine lune, voire au dernier quartier. Seule la période entre dernier quartier et nouvelle lune est proscrite en tous lieux.
La moisson de l'avoine obéit à d'autres traditions puisqu'elle est décalée de l'ouest à l'est entre premier et dernier quartier, avec toutefois des enclaves correspondant à des microclimats ou des points de perturbations magnétiques.

LE MAÏS ET LE RIZ

Maïs et riz sont deux céréales très importantes, d'origine étrangère aux terroirs européens. Pourtant, nous leur consacrons des millions d'hectares et, grâce aux hybrides, pourrions suffire à nos besoins. Mais il existe toujours un divorce entre leur cycle génétique et les cycles écologiques dans lesquels on les contraint à croître. Pour ces deux céréales, les réactions au cycle lunaire ou au cycle astral varient assez sensiblement selon les hybrides et les régions de culture.

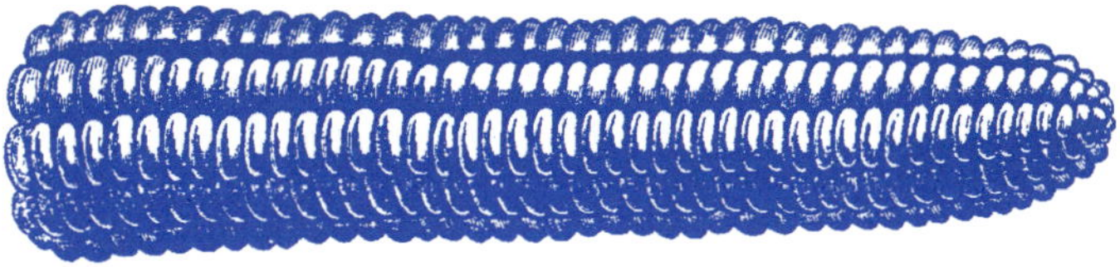

Le **MAÏS** : en ce qui concerne cette céréale originaire du Mexique, il faut en France distinguer deux ensembles de cultures. Le premier est traditionnel. Il regroupe les régions où cette céréale était déjà cultivée avant le dernier conflit mondial : Midi méditerranéen et, en remontant le cours du Rhône au-delà de Valence et le sud de l'Alsace, le département du Haut-Rhin. Des zones chaudes en été avec suffisamment de précipitations de printemps pour que le maïs gonfle son épi dans des conditions optimales. Dans ces régions, il faut semer de quatre à deux jours avant la pleine lune. Traiter éventuellement autour du premier quartier. Procéder à la récolte autour du dernier quartier à maturité de l'épi, généralement à la fin octobre.

Le second ensemble de culture comprend le reste du territoire. On y cultive maintenant du maïs de manière fort rentable grâce à l'apparition d'hybrides plus robustes. Les périodes optimales sont alors plus brèves : deux à trois jours avant la pleine lune pour les semailles et deux à trois jours après la pleine lune pour la récolte. Encore faut-il moduler ce conseil de quelques particularités locales concernant la Champagne, la Picardie et l'Artois.

Il faut donc procéder à des essais, analyser les résultats, les comparer entre exploitants voisins, à condition de juger sur des facteurs identiques de qualités de sol, d'hybrides cultivés et d'exposition des terrains. Nous leur saurions gré, alors, de nous faire part

LES MANIPULATIONS GÉNÉTIQUES

Les manipulations génétiques opérées par les botanistes dans leurs laboratoires de recherche modifient, plus ou moins sensiblement, les caractères héréditaires des plantes. Les hybrides qu'ils créent pour obtenir des épis de blé, de maïs quantitativement plus riches en grains, et ces derniers plus riches en gluten, des roses, des chrysanthèmes portant des fleurs aux formes plus originales, plus éclatantes en couleurs, plus parfumées, sont des végétaux artificiels finissant par ne plus avoir que peu de points communs avec leurs souches sauvages originelles. Les réactions très variées de ces hybrides aux lumières solaire et lunaire, leurs pulsations en fonction des marées, des phases de lune, génèrent donc des questions auxquelles les spécialistes sont confrontés. Ils manquent de recul pour apporter des réponses. Il semble que les jardiniers, les pépiniéristes, les hommes de terrain, plus habitués aux connaissances acquises par le contact, sachent empiriquement mieux les comprendre, manier et soigner.

de ces observations. Collationnées, étudiées, comparées, elles pourraient définir l'embryon d'un code lunaire pour cette culture en Europe.

Le **RIZ** est très différent. La localisation de sa culture en France et même en Europe est limitée : Camargue en France, rives et delta du Pô en Italie et quelques zones palustres d'estuaires inondés en Espagne. C'est surtout en Italie et en Espagne qu'elle prend de l'importance. Sa double vie — aquatique, puis aérienne — soumet le riz à des contraintes de marées lunaires très variables. Ces contraintes évoluent avec la croissance de la plante. D'où des réactions parfois paradoxales et, donc, des conseils de culture assez surprenants.
Son repiquage s'effectue dans les quatre jours qui suivent le dernier quartier, pour profiter de faibles influences de marées et d'un repos relatif pour la plante, traumatisée par son déplacement. L'irrigation et le dosage du niveau de l'eau sur la rizière doivent s'accorder avec des renversements de marée. En Asie extrême-orientale, les paysans ont eu très tôt la prescience de cette conjonction, qui peut aller jusqu'à doubler la récolte ultérieure.
L'époque de la moisson varie selon les variétés. En lune montante pour le riz à grain rond qui a, très tôt, fait le plein de sa substance. En lune descendante pour le riz long, ovale, dit 'Caroline', qui, au contraire, s'enrichit jusqu'au dernier moment en substances nutritionnelles.
Ces conseils généraux souffrent d'assez nombreuses exceptions, notamment en Italie dans la vallée du Pô, en fonction de facteurs locaux encore mal déterminés.

CULTURES FOURRAGÈRES

Les « herbes » naturelles, bonnes et mauvaises, de la prairie spontanée respectent le cycle lunaire, chacune selon ses caractéristiques propres. Elles subissent plus ou moins les influences astrales, les marées et l'électromagnétisme. Il en est de même, avec une grande variété d'expression, des diverses plantes fourragères que l'homme sème sur ses prairies artificielles. Qu'elles soient graminacées, légumineuses, racines ou tubercules, elles « vivent au rythme du clair de lune », comme disent certains paysans de l'Oberland bernois.

La **LUZERNE** demande pour devenir belle à être traitée, à tous les moments de sa culture, entre premier quartier et pleine lune.

SAINFOIN et **TRÈFLE** : Léger décalage, à cheval pendant quatre jours sur la pleine lune. Avec cette particularité pour le trèfle qu'il est plus nourrissant pour le bétail en début de lune descendante. Les animaux le savent et le choisissent à ces époques.

La **LUPULINE** et le **RAY-GRASS** subissent biologiquement un petit glissement de deux à trois jours de leur rythme propre par rapport au cycle lunaire. Leur culture doit en tenir compte. Il s'agit là de détails infimes. On peut, sans trop nuire à la prospé-

rité ultérieure de la prairie artificielle, semer ces plantes en mélange avec d'autres, selon les proportions que l'on souhaite. Mais il est préférable de semer lupuline et ray-grass au moment exact de la pleine lune, et parfois, en tenant compte d'habitudes locales fondées sur les traditions, le lendemain de la pleine lune.

FROMENTAL, FLOUVE et surtout **VULPIN** ont une fenêtre de semailles extrêmement étroite : en principe les six heures de la marée montante de vives-eaux au moment exact de la pleine lune. C'est un idéal rarement définissable, cette marée « terrestre maximale » étant très peu perceptible. Toutefois, en Suisse comme en Allemagne méridionale, en Autriche et dans toutes les régions alpines où la prospérité de la prairie conditionne souvent la survie hivernale du bétail, les paysans ont su l'observer. Avec même une telle précision qu'un agronome bernois nous indiquait : « L'agriculteur suisse connaît ce rythme des marées lunaires à quelques minutes près… ». Étonnant, mais la Suisse n'est-elle pas le pays de la précision horlogère ?

VESCE et **GESSE** (jarosse / jarousse) paraissent moins sensibles. C'est une illusion, car ces plantes fourragères, vivaces et fortes, traduisent peu dans leur aspect les erreurs de culture. Comme les autres, elles exigent semailles et traitements à des moments précis, qui se situent dans l'intervalle de trente-six heures précédant la pleine lune.

En Suisse montagneuse, en Italie alpine, pour respecter ces périodes, on travaille souvent la prairie artificielle de nuit, non pas pour gagner du temps ou parce qu'on est en retard dans les travaux agricoles, mais simplement pour se mettre dans les meilleures conditions lunaires possibles.

TRÈFLE INCARNAT, POIS GRIS et **FÉVEROLE** : avec le trèfle incarnat, on aborde d'autres plantes fourragères encore plus sensibles. Certains chercheurs russes, spécialisés dans les problèmes de l'alimentation du bétail, pensent que la période optimale de semailles ne joue plus ici sur plusieurs jours, ni sur vingt-quatre heures, pas même sur une marée de six heures, mais qu'elle porte sur une heure précise : l'étale de marée haute ou de marée basse. Au moment précis du zénith local de la pleine lune, soit de nuit ou à son inverse précis, c'est-à-dire de jour. On peut toujours ignorer ce conseil exigeant, mais il faut savoir qu'une récolte de trèfle incarnat peut être doublée si on le respecte, sur un terrain donné et dans les mêmes conditions climatiques ! Le rapport peut même être triplé, voire davantage, pour le pois gris et la féverole, également de la catégorie des plantes fourragères.

Les **RACINES DE TUBERCULES FOURRAGERS** (carotte, rave, betterave, topinambour) requièrent des précautions différentes. Contrairement à l'usage habituel en matière d'agriculture des champs, on les « travaille » de préférence juste après la pleine lune, et surtout le lendemain. Et on les récolte, de même, entre pleine lune et dernier quartier.

La **BETTERAVE À SUCRE** est un cas particulier. Il est souhaitable, après arrachage des racines, de les laisser au sol, à l'air, pendant un demi-cycle lunaire avant de les ramasser et transporter pour lavage. Lorsqu'elles ont été arrachées au début du cycle lunaire descendant (et il est souhaitable de tenir compte pour ce faire de la période jouxtant le cycle dit de « l'été de la Saint-Martin »), on doit les charger au début de la lune montante suivante.
Les cellules végétales subissent des mutations chimiques du fait des rayonnements subis en milieu aérien. Leur teneur en sucre, comme en autres substances nutritionnelles riches, s'en trouve accrue.

La **POMME DE TERRE FOURRAGÈRE** doit connaître le même traitement. En Allemagne, on expose souvent les germes reproducteurs sur des nattes à un rayonnement de pleine lune, en plein air, même par ciel bouché, pour « secouer la vie » et réveiller l'influx biologique en sommeil. On opère de même en Hongrie et en Roumanie et, dans une moindre mesure, en Flandres française et belge. C'est là davantage en raison de traditions importées par des immigrants d'Europe centrale que du fait d'un usage local.

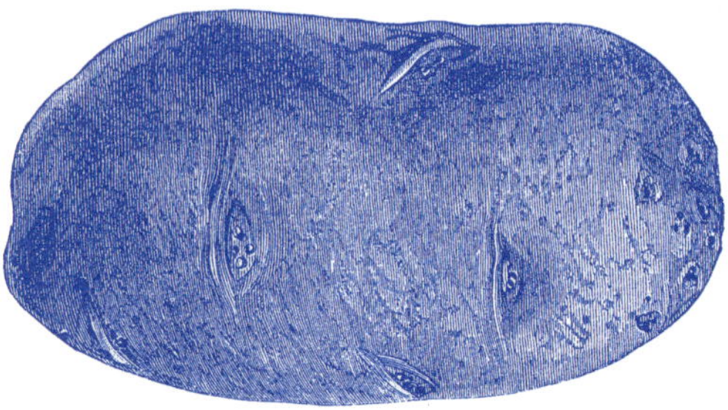

ARBRES FORESTIERS

Près de Nagoya, au Japon, se trouve un immense parc de trente-cinq hectares. Plus de deux cents variétés de jeunes arbres y croissent, soigneusement entretenues. Ils sont destinés à être transplantés, selon les besoins, soit pour le remplacement d'arbres dans des jardins nationaux du pays, soit pour « planter » de nouveaux parcs. L'ingénieur qui dirige cet arboretum, Hagaya Yeshida, caresse le tronc rugueux d'un chêne rouge.

« En règle générale, transplanter un arbre en lune montante est une certitude.

« Nous avons vérifié qu'une lune descendante était toujours préjudiciable à la bonne reprise. Ou bien un sujet faible en meurt, ou bien il périclite longtemps avant de retrouver sa vitalité, s'il la retrouve. Ce n'est pas tant le déterrage qui est alors nuisible que la remise en terre immédiate. Même si c'est dans un sol de qualités identiques, des traumatismes divers découleront de modifications d'exposition à la lumière de soleil ou de lune, du fait d'infimes variations entre l'ancien et le nouveau champ magnétique local et de modifications d'intensité des marées biologiques.

Si l'on est obligé de déterrer en lune descendante, il vaut mieux laisser le replant tranquille dans sa motte de terre pendant plusieurs jours, au besoin deux ou trois semaines. Et le disposer en son nouvel emplacement à lune descendante.

« D'ailleurs, les précautions à prendre et les meilleurs moments varient selon les lieux et les espèces. Dans le monde entier, des spécialistes vous diront qu'il est toujours souhaitable de replanter un arbre le soir ou même la nuit, pour qu'à sa nouvelle place, il soit d'abord baigné par le rayonnement lunaire, moins brutal, qui favorise le changement de rythme. »

De même ne doit-on jamais « forcer » la naissance d'un arbre. Le spécialiste italien Antonio Serreghini, est formel : « L'homme ne doit modifier à son profit qu'en respectant le naturel pour un minimum indispensable. Prenez une noix sous un noyer. Jetez-la au hasard un peu plus loin. Au besoin, enfouissez-la sous des feuilles mortes ou même dans un trou du sol, peu profond. Et laissez faire. Vous aurez toujours un sujet plus résistant que ceux, magnifiques mais fragiles, qu'on vous propose à la sortie des pépinières ! »

Voici quelques règles bonnes à connaître pour toutes sortes d'arbres :

Le **CHÊNE** : il est très sensible à l'exposition lunaire et à la lumière de lune. On a noté qu'elle déclenchait, dans ses feuilles, un processus de photosynthèse maintenant, de nuit, une activité physiologique importante. Il est souhaitable de replanter aux approches de la pleine lune, entre le premier quartier et le quatrième jour suivant, notamment pour le chêne chevelu (*Quercus cerris*), spontané en Europe méridionale, mais qui s'adapte bien en tous sols et peut être planté et réussi aisément.

Le **CHÊNE-LIÈGE** (*Quercus suber*) donnera une écorce plus épaisse, dit-on en Corse et en Grèce, s'il est mis en terre au premier quartier de lune. Quant au liège, il faut le récolter juste avant la pleine lune pour qu'il soit plus vivant et souple.

En règle générale, on conseille d'abattre les chênes en fin de lune ascendante. On attend la nouvelle lune pour enlever l'écorce et débiter en lune descendante, si possible vers une nouvelle lune. Durant la lune de Noël, les résultats sont meilleurs.

Le **HÊTRE** est un arbre moins susceptible aux influences de la lune. La date de transplantation est indifférente, même pour ses deux espèces ornementales (hêtre doré et hêtre pourpre). On se borne à leur accorder des ports plus majestueux et altiers s'ils sont plantés tout près de la pleine lune.

Le **CHÊNE PUBESCENT** (ou chêne truffier) sera plus vivace s'il est replanté dans les quatre jours suivant la nouvelle lune et le soir, sur un emplacement bien exposé au sud-ouest.

Le **CHARME**, en revanche, qui affectionne les sols argileux et frais constituant, surtout dans l'Est, de remarquables charmilles et de très beaux taillis, acquiert son équilibre parfait s'il est planté en premier quartier, selon des habitudes en vigueur en Allemagne, Autriche, Hongrie et même Russie, mais d'origine différente.

Le **BOULEAU** est l'un des arbres de nos régions les plus réceptifs au clair de lune, particulièrement ses variétés décoratives : bouleau pleureur (*Betula verrucosa* 'Pendula') et bouleau à grandes feuilles (*Betula maximoviczii*).

L'**ÉRABLE** est aussi sensible à la lumière de lune. Une légende des Indiens du Canada affirme : « Sucre d'érable est pleur de lune. » La sève récoltée vers la pleine lune est plus sucrée, plus douce que celle prélevée en lune descendante.

L'**ÉRABLE DE MONTPELLIER**, à feuille de viorne ou d'obier, a pour les spécialistes un port différent en lune montante et en lune descendante, du fait d'une circulation de sève plus ou moins active.

Le **PLATANE** ne semble pas avoir donné lieu à des us et coutumes particuliers. Toutefois, en Italie, on dit qu' « il ne faut pas le mettre en contre-lune ni le planter en lune qui s'éteint, sous peine de s'attirer chagrin ».

Le **MARRONNIER** (*Aesculus*) et le **CHÂTAIGNIER** (*Castanea sativa*) apprécient beaucoup le clair de lune, préférant tout ce qui est doux (climat, sol, humidité moyenne, etc.). On affirme à leur sujet différentes choses, contrôlées, évidentes : la bogue qui enveloppe les fruits du châtaignier est plus efficace, le « hérisson » ou involucre épais qui renferme ces fruits s'ouvre mieux par pleine lune. Les fruits doivent être exposés à la pleine lune avant d'être consommés pour que « farine soit plus parfumée ». « Récolte des châtaignes de septembre à novembre, mais jamais par lune qui s'éteint. » Pour élaguer le châtaignier, tous les trois ou cinq ans, et rajeunir ses charpentes, toujours agir « aux environs de pleine lune ». Nous devons aussi rapporter au sujet du châtaignier cet avis du plus grand pépiniériste japonais, H. Fashida : « Pour multiplier cet arbre, ne recueillir les graines qu'au soir ou à la lune. Les semer également à la lune, après stratification pour le *Castanea sativa*. »

Si l'on marcotte en cépée, ne le faire qu'en sève de lune montante ; et si l'on greffe en flûte avec porte-greffe châtaignier franc ou châtaignier japonais, le faire aussi en lune ascendante, si possible à quelques jours de la pleine lune, afin de bénéficier d'un tonus maximal de la sève, alors chargée de yang, énergie positive.

Le **PEUPLIER** inspire peu de dictons et habitudes de culture et plantation. Toutefois, en Europe centrale, on affirme qu'il ne faut jamais l'abattre avant le début de la lune descendante, quand « ses feuilles ne se tendent plus à la lune ».

Le **TILLEUL** aime la lune. Selon un dicton russe, « la lumière douce en fait le tour et lui nimbe jusqu'au côté à l'ombre ». Là encore, semis, marcottage ou greffage par lune ascendante vers la pleine lune. On doit récolter les fleurs, aux vertus médicinales incontestées, à la pleine lune ou un peu après, afin que soient développées au maximum les vertus odoriférantes.

Le **FRÊNE.** Mêmes propriétés pour les fleurs, d'un blanc jaunâtre en mai et juin, du frêne, qui développent leur suave parfum à la pleine lune. C'est toute la vie de cette famille d'arbres, genre comprenant environ 65 espèces, qui est conditionnée par la lune : le port, la croissance, l'épanouissement des feuilles.
Précaution capitale si l'on veut obtenir un beau frêne pleureur, dont l'effet décoratif est remarquable en parc ou jardin : il faut, chaque année, tailler ses branches arquées et seulement en milieu de lune descendante, vers le quartier, pour ne perdre qu'un minimum de sève.

Les **CONIFÈRES** sont réceptifs à la lune et sont l'objet quantité de « conseils » résultant d'observations séculaires.

Le **MÉLÈZE**, l'un des rares conifères à perdre ses aiguilles en hiver, « souffre de coups de froid vers nouvelle lune mais se chauffe de bonne sève par bise que monte la lune ».

Le **SAPIN**, selon vingt légendes de la Finlande à l'Italie du Nord, « a besoin du clair de lune pour développer ses cônes et mûrir ses graines ». Lui aussi souffrirait davantage des charges neigeuses et des blizzards par lune descendante qu'ascendante.
Il est déconseillé de couper un sapin en nouvelle lune, mais recommandé de le faire aussitôt après la pleine lune, pour que la résine, abondante, se fige bien et imprègne davantage le bois.
Celui-ci sera ainsi mieux protégé, quelle que soit l'utilisation qu'on en fasse ensuite. Dans les pays nordiques, on évite, même en scierie industrielle, de traiter un fût de sapin aux approches de la pleine lune. On prétend que la résine travaille et que le bois sera moins ferme. Or de cette qualité dépend l'étanchéité des maisons.

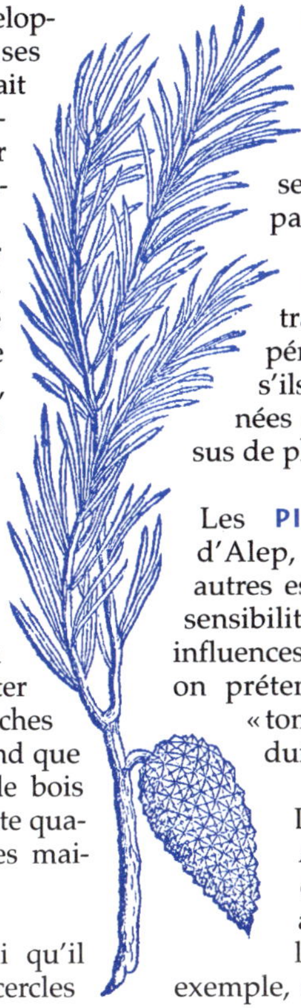

L'**ÉPICÉA** : on dit de lui qu'il développe davantage les cercles concentriques de son tronc sous la lumière de lune. Les cercles sont plus renflés dans l'axe local des zéniths. Ce pourrait également être l'effet du soleil ou dû à l'influence négative et traumatisante des vents froids du nord dans nos régions boréales. On attribue ces élargissements à la lune parce qu'on a noté, chez l'épicéa comme chez de nombreux autres arbres, une plus intense circulation de sève dans le tronc la nuit, par ciel clair, avec un rythme qui épouse presque exactement le cycle de la lune. On a encore remarqué que c'est de nuit et toujours en fonction du cycle de lune que l'épicéa se nourrit. En fait, tout se passe comme si les arbres consommaient leur nourriture pendant la nuit, montrant davantage d'appétit en période de pleine lune, comme s'ils n'employaient leurs journées qu'à respirer par le processus de photosynthèse.

Les **PINS**, sylvestre, maritime, d'Alep, parasol, à crochet, entre autres espèces, présentent tous une sensibilité égale à la lune et aux influences astrales. En Asie Mineure, on prétend que seules les graines « tombées à pleine lune reproduisent ».

Le **CÈDRE**, au Liban et en Afrique du Nord, est considéré comme le roi des arbres. Dans de nombreuses légendes, on dit, par exemple, qu'il est le lit de la lune sur

terre et que pour cette raison, ses branches ont la forme de berceaux. On raconte aussi que les cèdres protègent de leur ombre la lune contre le soleil et qu'ils ne se portent jamais de l'ombre l'un à l'autre pour ne pas se voler ou s'accaparer la lune.
On sait également qu'il faut tailler un cèdre en lune descendante sous peine de le voir perdre sa sève en une hémorragie fatale ; qu'on abat un cèdre entre le dernier et le premier quartier, sinon le bois perd de sa densité et, surtout, de son parfum qui fait toute sa valeur ; qu'à Marrakech, les artisans des souks savent dire au toucher et à l'odorat s'il s'agit d'un arbre né en lune montante ou en absence de lune. C'est là un don que possèdent les montagnards habitués à toucher le bois. Les Finlandais avec les bouleaux, les Canadiens et les Indiens avec les érables peuvent déterminer au cours de quelle phase lunaire un arbre a été abattu.

Le **TSUGA** (*Tsuga canadensis* et autres espèces), conifère à tiges fléchies, à flèche souple et retombante, nécessite lui aussi une exposition ensoleillée et « à la lune ». Un dicton indien concernant cet arbre (appelé aussi sapinette du Canada) affirme : « S'il est beau, c'est qu'il est le plus propre de la prairie. Il se baigne, chaque soir, aux rayons de lune qui l'enivrent à lui faire baisser la tête. »

Le **CYPRÈS DE PROVENCE** est parfois, tout comme les ifs, « brûlé » par les rayons de lune parce qu'il ne sait pas toujours équilibrer son rythme en fonction du soleil et de la lune. Il a été prouvé, en Italie, que ce n'était pas le soleil mais la lune qui entraînait le jaunissement brutal, puis le dessèchement non moins rapide de telle ou telle branche.

Le **CERCIS** est un arbre décoratif qui ne se plaît qu'en situation isolée, bien exposé à la lumière. On a remarqué que ses poussées de croissance, la formation de ses bourgeons, la sensibilisation avant éclosion de ses fleurs s'effectuent essentiellement de nuit, claire et sans nuage.

Le **TULIPIER**, grand arbre d'origine américaine, épouse le rythme lunaire au point que les coloris du feuillage n'atteignent leur intensité chromatique maximale que par lune ascendante et au moment de la pleine lune par temps bien clair.

TOUCHE DE LUNE

« … Et la princesse du désert voulant honorer le fils du Ciel pour lui avoir réservé ce merveilleux accueil, s'en alla dans le vaste parc du palais. Elle puisa d'une main dans ses cheveux une poignée de grains dorés qu'elle jeta en l'air d'un geste large, répandant des étoiles sur le sol. Puis elle ramassa tous les grains qui étaient tombés dans l'ombre de lune portée par les arbres d'alentour, les haies, et le palais. Il n'en subsista qu'un qui devint l'année suivante une floraison rose de printemps… »
Ainsi les Chinois voient-ils la naissance du Cercis ou arbre de Judée (Cercis siliquastrum).

L'**EUGENIA**, petit arbre qui fait la beauté des parcs et grands jardins méditerranéens, ne doit être bouturé et semé qu'aux approches de la nouvelle lune, pour bénéficier d'une lune montante. Les arboriculteurs australiens conseillent même de procéder aux environs de l'équinoxe d'automne.
Cet arbre, rustique en climat chaud, peut s'acclimater ailleurs sous serre. Il exige une terre légère et bien drainée, une situation à l'abri des vents, très bien exposée aux zéniths, de soleil comme de lune.

Le **JACARANDA**, arbre magnifique, n'atteint une taille normale et ne devient beau que s'il est multiplié par semis de printemps, au mieux vers la pleine lune précédant le solstice d'été, ou par boutures en pleine lune de juillet. La taille doit également être effectuée exclusivement par lune montante, juste avant ou juste après l'équinoxe de printemps.

ARBRES FRUITIERS

Si l'on en croit les innombrables légendes mais surtout les usages, les arbres fruitiers restent sensibles aux influences lunaires.

Le **CERISIER** ne « noue » bien ses fruits qu'en pleine lune, et ceci d'autant mieux que la lune descendante suivante voit s'affirmer un temps modérément doux, assez sec et peu venteux.

Le **GUIGNIER**, variété du merisier des bois dont les cerises sont utilisées pour la fabrication du kirsch, règle son cycle floral sur un cycle lunaire vrai. Il en est de même du griottier et du bigarreautier.
Il est conseillé, pour éviter le dépouillement intérieur d'un cerisier et sa trop grande extension en volume, de le tailler à l'automne en lune descendante de novembre ou de décembre. On assure ainsi un report maximal de la sève vers les branches intérieures de l'arbre. Les spécialistes suisses et allemands affirment qu'on augmente ainsi de 15 à 35 % la production de fruits.

POMMIERS et **POIRIERS** sont encore plus sensibles en Europe de l'Est. On a noté des variations allant du simple au double dans la multiplication cellulaire de la pulpe des fruits entre les cycles conduisant à la nouvelle lune ou à la pleine lune. Certaines variétés, de type 'Spur' par exemple pour les pommiers, ou encore 'Doucin', suivent dans leur rythme annuel, floral et fruitier, le cycle lunaire avec une étonnante exactitude. Il faut donc opérer d'éventuelles transplantations avec précaution. Aux États-Unis, les exploitants de vergers ont connu des déboires d'abord inexpliqués. Ils voulaient adapter en Californie des mutations de variétés normales en provenance de Floride ou *vice versa.* L'écart de longitude, faible mais suffisant

En Californie, pour obtenir des fruits plus moelleux, on protège pommiers et poiriers des pompages de la pleine lune par pulvérisation ou en couvrant les arbres de minces pellicules de plastique. Ces protections suffisent pour arrêter certaines radiations froides du clair de lune. En d'autres régions, on sélectionne dès leur formation les plus beaux fruits pour les introduire dans un carafon à goulot étroit. Ils s'y développeront et resteront emprisonnés après cueillette. Ils sont destinés à être conservés dans un alcool correspondant : calvados ou eau-de-vie blanche de poire Williams, par exemple. On procède à cette opération lors d'une nouvelle lune : l'embryon de fruit supporte mieux le changement de qualité de luminosité qui en découle. Cette précaution lui assurerait aussi, dit-on, une forme plus esthétique ce qui, commercialement, n'est pas sans importance.

pour « casser » l'exposition à la lune, entraînait soit un dépérissement, soit une sclérose et des rendements médiocres. Les chercheurs en génétique botanique, à Sacramento, ont ainsi découvert qu'on augmentait la « sensibilité astrale » des arbres fruitiers en les « travaillant ». Certains mutants ne devraient être exploités que dans une région relativement étroite autour du lieu où ils ont été créés. Signalons à ce sujet que les savants de la CEI ont été amenés à des constatations analogues sur plusieurs variétés de céréales, comme le maïs et le riz.

Un autre usage est souvent respecté pour les pommes et les poires : on cueille en lune descendante les fruits exposés au soleil et à la lune, c'est-à-dire sur la face sud de l'arbre dans nos régions boréales, et l'on cueille en lune montante les fruits moins bien orientés sur la face opposée. D'une part, la pulpe des fruits serait plus moelleuse et plus parfumée. D'autre part, la conservation durerait plus longtemps.

Les **PRUNIERS** aux innombrables variétés subissent des influences

POIRE

astrales et lunaires très modulées. Elles sont importantes à tous les niveaux de la floraison et de la fructification pour les 'Claudiana' (*Prunus insititia*) et pour les *Prunus domestica*.

Pour une chance maximale de réussite, ces arbres ou arbrisseaux doivent être transplantés, taillés, greffés tout au début d'une lune montante. Chaque intervention les concernant — ne serait-ce qu'un binage, une aération du sol à leur pied — doit se situer entre la nouvelle lune et le premier quartier.

Une tradition berbère et d'autres légendes arabes font état de cette sensibilité très particulière du 'Claudiana', qui pousse depuis plus de 2000 ans sur le pourtour du Bassin méditerranéen. Les prunes blanches ou jaunes, les abricots, les mirabelles sont des fruits plus lunaires que les prunes rouges ou violettes.

La délicieuse mirabelle de Lorraine (variétés 'de Nancy' ou 'de Metz') est très sensible à la lune. Le cycle lunaire régit toute sa fructification. Le clair de lune accroît sa teneur en sucre et sa saveur. Un ciel clair, et donc une luminosité lunaire maximale pendant le dernier mois de mûrissement en fin août et septembre, entraîne une exceptionnelle qualité. Le clair de lune également parsèmerait la peau de la mirabelle de ces petits points et taches roses ou rouges qui la rendent plus désirable. Le soleil n'aurait là aucune influence réelle.

L'influence lunaire est primordiale au moment de la floraison des mirabelliers. Selon que la poussée de sève et l'éclosion des bourgeons seront plus ou moins en phase avec la première lunaison de printemps, la récolte promettra d'être abondante ou faible, savoureuse ou médiocre.

Le **PRUNELLIER** (*Prunus spinosa*) est une exception. Ses fruits se développent davantage pendant les quatre à cinq jours précédant une pleine lune. Ils doivent donc être cueillis aux environs du dernier quartier lorsqu'ils sont au maximum de leur saveur.

L'**ABRICOTIER** est également très réceptif au cycle lunaire, à tous les stades de sa croissance, de sa floraison et de sa fructification. On plante de fin octobre à début mars, à lune montante pour éviter tout déphasage d'adaptation. La greffe, notamment sur 'Abricotier franc', doit se faire à lune montante. De même pour l'élagage qui élimine le bois mort ou les branches faibles.

PRUNE

De nos jours, en Californie comme dans les vergers d'Afrique du Sud ou de la vallée du Rhône, on cueille l'abricot juste avant le mûrissement. L'amateur peut éviter cette exigence commerciale : il doit récolter les abricots juste à l'aube, autant que possible entre le premier quartier et la pleine lune. Pendant cette période et par ciel clair, la luminosité lunaire développe le sucré, la saveur et la pigmentation des fruits.

Le **PÊCHER**, autre variété de prunier, est sensible à toutes les influences astrales et surtout lunaires. Selon les variétés, la chair tendre et la peau veloutée des fruits peuvent être traumatisées par un clair de lune trop intense, voire par un passage semi-opaque d'un nuage de paillettes de glaces (stratus ou cirrus) devant la lune aux approches de son zénith. Toute modification sensible du spectre décomposé de la lumière lunaire entraîne des déformations ou la mort de cellules. Donc des taches sur la peau, des noyaux durs dans la chair, voire un début de pourriture ou une sensibilisation à un développement de maladie cryptogamique.
Des experts italiens affirment y voir la cause d'un ratage de pêches ayant pourri totalement sur le pêcher en moins de cinq jours après un tel phénomène.
Le passage de nuages beaucoup plus opaques (cumulus, cumulo-nimbus) a moins de conséquences. Il entraîne un faible ralentissement du mûrissement et parfois un moindre enrichissement ponctuel, dans le fruit, de la saveur et du sucré.

Le **NOYER** est sensible à la lune, mais seulement à certaines périodes de son cycle annuel et de sa croissance. Il craint les gelées tardives de printemps, qui brûlent ses fleurs. Les fortes chaleurs dessèchent ses feuilles en lune montante. Il supporte davantage les écarts thermiques en lune descendante. Très nombreux sont les végétaux de toutes sortes qui marquent ce qu'on appelle le « basculement » ou le « renforcement du temps » au début d'un cycle ascendant. Parfois aussi, mais avec moins d'intensité, au moment des pleines lunes.
Un précepte indien du Canada dit à propos des noix noires : « Tu ne conserveras pour l'hiver que noix tombées avec la lune joyeuse et repue. Noix tombées avec la lune triste et maigre te feront neige de faim cruelle. »
Les botanistes américains ont remarqué que les noix doivent être gaulées en pleine lune. Elles sont alors plus riches en matières grasses, plus digestes et mieux

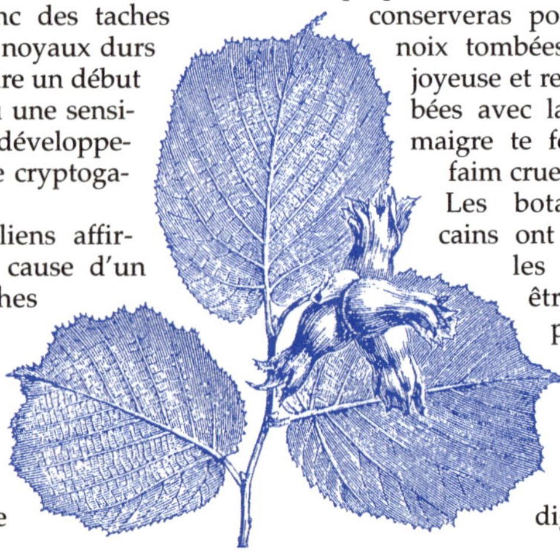

NOISETTE

assimilables. De même, les feuilles et la coque du fruit contiennent davantage de brou en raison d'une circulation plus intense de la sève.

Le **NOISETIER** (ou coudrier) est un arbrisseau fruitier dont le cas s'apparente à celui du noyer. Il accepte les sols très acides ou très calcaires s'il a une exposition très dégagée au zénith local du soleil et de la lune. Davantage s'il est situé dans une région au ciel souvent limpide lui assurant beaucoup d'ensoleillement et de clair de lune.

Les variétés découlant du noisetier de Lombardie (*Corylus maxima*) sont plus sensibles que d'autres aux cycles lunaires. Les variétés à floraison précoce : 'Fertile de Coutard', 'Négret', 'Impériale de Trébizonde', en particulier, résistent mieux aux gelées de lune descendante. Les gelées de lune montante, à degré thermique équivalent, leur sont souvent fatales. Un trop grand afflux de sève fait éclater les tissus.

Qu'il s'agisse des semis de noisetiers, du marcottage, à l'automne ou au printemps, des plantations de novembre à début mars, il faut opérer en fin de lune descendante, deux ou trois jours avant la nouvelle lune. Le végétal a ainsi le temps de s'habituer à son nouveau site et profite au maximum de l'influx énergétique de la lune montante suivante.

L'**AMANDIER** et l'**OLIVIER**. Bornons-nous à signaler le cas de ces deux arbres méditerranéens, même si nous pourrions donner des conseils identiques concernant la culture d'arbres fruitiers exotiques. (Nous ne considérons ici que des végétaux des zones tempérées, ou pouvant y être cultivés.)

« Bon amandier n'épanouit ses fleurs qu'en premier quartier », dit un proverbe tunisien. Toutes les phases de la floraison et de la fructification de cet arbre sont conditionnées par les pompages de sève en rapport avec la lune ascendante, plus ou moins proches de la pleine lune selon les variétés. Davantage encore pour les variétés produisant des amandes amères. Curieusement, et parfois avec une étonnante synchronisation pour ce qui

OLIVIER

est des variétés d'amandes douces en Espagne et au Portugal. Certains spécialistes attribuent ce particularisme à des influences telluriques émanant de la croûte terrestre et aux variations de champ électromagnétique selon le cycle lunaire.

Chez les oliviers, on note des recrudescences nutritionnelles, de croissance, de constitution des réserves, de fructification pendant la semaine précédant le premier quartier. Les olives se récoltent dans les deux ou trois jours suivant la pleine lune. Elles sont plus savoureuses, plus riches en huile, qui est aussi plus onctueuse et plus parfumée. Le parasite le plus redoutable de l'olive, une mouche (*Dacus oleae*), dont les pontes rendent les fruits véreux, est actif à 80 % en période de lune descendante. C'est donc en pleine et nouvelle lune qu'il faut traiter au diméthoate les oliviers menacés.

LA LUNE ET LE POTAGER

CONSEILS GÉNÉRAUX

Les Japonais sont les meilleurs cultivateurs-jardiniers amateurs du monde. Sur leur archipel minuscule, l'espace végétal cultivable est rare. Bien qu'on extraie de la mer une part essentielle de l'alimentation, on demande beaucoup à la terre. On exige d'elle des rendements importants. Il n'est pas rare, même aujourd'hui, de voir aux fenêtres des appartements, dans des bacs, pousser radis, salades, tomates que chacun soigne avec amour. Un jour, alors qu'il arrosait de telles plantations, un haut fonctionnaire de Yokohama, le grand port sur la baie de Tokyo, nous déclara : « Si tu veux que ton jardin soit beau et bons les petits pois dans ton assiette, regarde toujours le ciel, la nuit. C'est la voûte céleste, ce sont les étoiles et la lune qui te diront ce qu'il faut faire ou ne pas faire ! » Comment ne pas suivre ce conseil ? Le domaine botanique le plus sensible aux influence lunaires et astrales, c'est le potager !

– Quand on sème sur couche, au printemps, on doit toujours le faire entre le premier quartier et la pleine lune. Plus près de cette dernière si l'on opère sur fumier chaud (terreau enrichi de fumier de cheval). Ce conseil est valable pour radis et concombres et pour la laitue 'Reine de mai'.

– Sur couche ou en serre, planter les jeunes tomates trois jours avant une pleine lune, c'est doubler leur vitalité et augmenter de 50 % leur productivité. Mais ces plants de tomates exigeront des soins constants, toujours en phase avec le cycle lunaire.

– Pour replanter en pleine terre, le faire en fin de lune ascendante, dans un endroit bien exposé au zénith solaire et lunaire. Pincer en début ou en extrême fin de lune descendante. Arroser le soir à la tombée de la nuit. C'est là une règle générale pour tout le potager. A ce moment, la chaleur du sol accumulée dans la journée est un peu atténuée et l'environnement lumineux permet une meilleure assimilation de l'humidité.

LÉGUMES SENSIBLES À LA LUNE

(Moments favorables en France et en Europe occidentale, sauf conditions particulières)

POIS : deux jours après le premier quartier ;

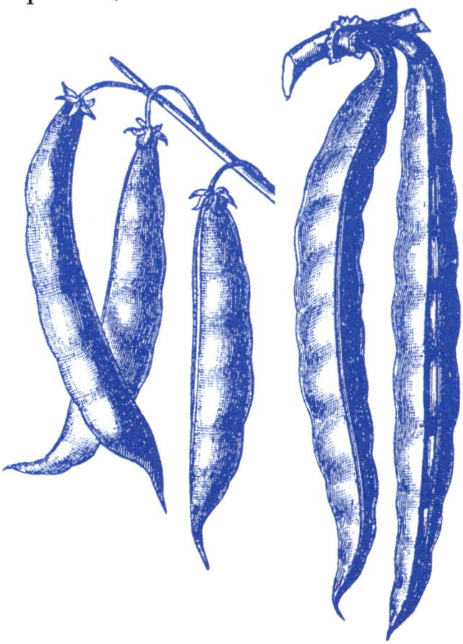

HARICOT NAIN : deuxième et troisième jour après le premier quartier ;

HARICOT GRIMPANT : deuxième, troisième et quatrième jour après le premier quartier de lune ;

POIREAU : deux jours, parfois trois, avant la pleine lune ;

CORNICHON : un soir de pleine lune (cela peut tripler la récolte) ;

OIGNON : de trois jours avant la pleine lune à trois jours après, à condition que la terre ait été bien ameublie dès la nouvelle lune précédente et aérée au râteau dans l'intervalle ;

AIL et **ÉCHALOTE** : entre le cinquième jour précédant la pleine lune et le jour suivant celle-ci, selon les variétés. En Espagne, on préfère retarder ce travail d'un mois si, par exception, le ciel est bouché.

LENTILLE, HARICOT BLANC ET ROUGE : préfèrent le milieu de la semaine entre premier quartier et pleine lune, mais on peut utiliser toute cette semaine sans trop diminuer la récolte.

SALADES : très exigeantes quant au respect du cycle lunaire :

POIS, HARICOT ET OIGNON

– **laitue** : sensible au quatrième jour avant la pleine lune, avec une tolérance variant, selon les lieux, de douze à trente-six heures.
– **batavia** : plus sévère, exige d'être semée et replantée très exactement une veille de pleine lune, faute de quoi le rendement varie du simple au double ou aboutit à un échec total.
– **chicorée scarole** : préfère le deuxième jour avant la pleine lune, avec une tolérance jusqu'au lendemain de cette pleine lune.
– **mâche** et **pissenlit** : apprécient d'être mis en terre et soignés éventuellement au cours de la première semaine de lune ascendante, juste après la nouvelle lune. Ne pas abuser de ces soins.
– **endive** : cette salade « souterraine » exige aussi un respect assez strict du rythme de marée.

ASPERGES : Il faut tenir compte de la double influence du cycle lunaire aérien et du décalage de l'attraction de marée en chaque point donné. Dans les régions réputées pour leurs asperges (comme le nord de Strasbourg, en Alsace), les cultivateurs respectent ces périodes préférentielles. Certains jardiniers amateurs parviennent à des succès car ils ont su observer leurs récoltes en fonction de leur mode de culture.
Des laps de temps de trois à cinq ans suffisent pour obtenir un bon résultat.

CAROTTE : connaît sa période optimale du premier quartier au troisième jour avant la pleine lune.

NAVET : accuse des variations de récolte allant du simple au double si l'on néglige cette période optimale identique à celle de la carotte. Même dans un contexte climatologique très défavorable, les navets cultivés dans les meilleures conditions lunaires résistent mieux aux vers et autres parasites.

LAITUE

SALSIFIS et **BETTES** : moins sensibles à la lune. Toutefois, s'occuper de ces légumes pendant la semaine précédant la pleine lune semble préférable.

POMMES DE TERRE POTAGÈRES : leur période optimale varie selon les lieux et les variétés. Il est fort important d'en tenir compte.

– Celles de la **variété 'Bintje'** aiment à être plantées dans les deux jours précédant une pleine lune. Sarclages, arrosages et traitements antiparasitaires doivent respecter cette fenêtre de deux jours, mais avant chaque phase de lune (nouvelle, quartiers et pleine lune). De même, l'arrachage est préférable juste avant une pleine lune.

– La pomme de terre à chair jaune, notamment la **'BF 15'**, jouit d'une fenêtre plus large : toute la semaine du premier quartier à la pleine lune. Pour sa mise en terre comme pour ses traitements ou soins de toutes sortes et jusqu'à son arrachage.

– La **'Hollande'** est sans doute la plus fragile et la plus exigeante quant au respect de ses habitudes lunaires. En règle générale, mais celle-ci souffre des exceptions allant de un à deux jours dans l'un ou l'autre sens, il faut la planter la veille d'une pleine lune. Procéder aux soins d'entretien et traitements entre premier quartier et pleine lune sous peine de nuire au nombre et au développement des tubercules. On récoltera juste après une pleine lune, au plus tard dans les trois jours suivants. Autrement, on risque une détérioration de la valeur nutritionnelle, du goût et de l'aptitude naturelle à la conservation.

CAROTTE ET NAVET

PLANTES CONDIMENTAIRES

CERFEUIL : le plus exigeant. Le semer dans les douze heures précédant la pleine lune. Éviter de cueillir des branches en lune descendante, ou alors récolter la totalité d'un pied car on amènerait les branches restantes à faner rapidement.

PERSIL : plus souple, mais surtout pour la variété frisée. Il se trouve mieux d'être semé dans les 48 heures précédant une pleine lune. Éviter de le cueillir de jour comme de nuit, lorsque la lune est visible, car il perd de sa saveur.

THYM : fantasque et lunatique parce que très « lunaire », redoute d'être replanté entre premier et dernier quartier. Il est alors déphasé par rapport à son cycle végétatif. Le mettre en place si possible juste avant le premier quartier. Une succession de nuits claires assure sa croissance.

ESTRAGON : dans le même cas, bénéficie du clair de lune. Ses feuilles les plus parfumées sont celles cueillies le matin, à l'aube, après des nuits claires de part et d'autre de la pleine lune. Le planter juste après le premier quartier.

CIBOULETTE : donne ses touffes les plus larges et compactes si l'on respecte sa préférence pour les quatre jours précédant la pleine lune. Éviter un éclairage trop franc du zénith lunaire (aucune importance quant à l'éclairage solaire). On verrait alors les extrémités des tiges jaunir, la sève étant « pompée » avec intensité.

OSEILLE : apprécie d'être semée juste après la pleine lune. La cueillir pendant les trois jours à cheval sur chaque phase lunaire caractéristique : nouvelle et pleine lune et les deux quartiers. Elle est sensible aux phénomènes de marées.

CUMIN, CORIANDRE ET BASILIC, entre autres épices de nos régions européennes, froides, tempérées océaniques ou continentales et méditerranéennes, sont soumis au rythme lunaire.
Pour toute manipulation, la période de quatorze jours entre premier et dernier quartier est optimale. Avec des jours préférentiels en fonction de facteurs locaux qu'on apprendra à déterminer par l'expérience.

LAURIER-SAUCE : arbuste et parfois arbre, est assez résistant pour cacher sa sensibilité lunaire.
Mais vous lui ferez plaisir en le transplantant toujours en lune montante et en cueillant ses feuilles ou en taillant ses branches entre le dernier quartier et la nouvelle lune.

CORIANDRE

PETITS FRUITS ROUGES ET BLEUS

Nous ne saurions quitter le potager en oubliant les espèces à fruits qui y trouvent une place privilégiée. Qu'il s'agisse des arbustes fruitiers tels les groseilliers, des ronces fruitières ou des cultures en espaliers, tous ces végétaux exigent beaucoup de soins, de précautions et une connaissance de certains particularismes.

Le **FRAISIER** est sensible aux influences lunaires. Toutefois, un clair de lune intense peut accélérer la croissance des stolons ou les brûler, épanouir une fleur ou la tuer. La saveur des fruits, surtout pour les espèces les plus rustiques et pour les fraises des bois, dépend pour une bonne part de l'action chimique du clair de lune sur leurs cellules. On doit supprimer les stolons superflus en lune descendante, toujours à la fin du dernier quartier afin d'épargner la sève et l'énergie de la plante.

En période de sécheresse, les arrosages doivent se faire de bonne heure le matin ou tard le soir. Mais éviter les quatre phases essentielles de la lune : les deux quartiers, la nouvelle et la pleine lune.

Les fraisiers non remontants à gros fruits, tels 'Fertilité', 'Surprise des Halles', 'Madame Moutot', 'Cambridge favourite', sont les plus soumis aux influences lunaires. Les fraisiers remontants à gros fruits, comme les variétés 'Sans-Rivale', 'Abondance', 'Appelever' et 'Saint-Claude', sont plus sensibilisés aux phénomènes de marées. On doit éviter toute action (plantation, coupe des stolons, cueillette, traitements divers, arrosages) en pleine ou en nouvelle lune. Certains spécialistes s'abstiennent d'intervenir pendant les deux jours entourant ces phases.

Pour les fraisiers des quatre saisons comme 'La Brillante', 'Monstrueuse caennaise', 'Cinquantenaire de Georges Truffaut' ou encore 'Reine des vallées', planter juste avant le premier quartier. Toujours intervenir entre le premier quartier et deux jours avant la pleine lune.

Les fraisiers grimpants s'implantent maintenant en Europe occidentale (variétés 'Cocagne', 'Grimpant Truffaut prodige', 'Mount Everest'). Ils craignent toute intervention, quelle qu'elle soit, aux approches de la nouvelle lune, fût-ce un simple arrosage, même par temps très sec.

Autre conseil résultant d'habitudes admises par les meilleurs producteurs de fraises : c'est au début de la lune descendante, voire pendant toute cette période de quatorze jours, qu'on doit traiter les fraisiers contre les maladies à virus, la verticillose, les vers blancs, la pourriture grise, les pucerons, le mildiou, l'oïdium, le tarsonème.

FRAISES

En 1715, un explorateur français du nom de Frézier rapporta la plante à Plougastel. Au Chili où il l'avait trouvée, on effectue tout travail de culture en phase montante de lune. De nos jours, en culture industrielle, seules les opérations d'hybridation tiennent compte de cette tradition qui permet d'augmenter de 25 à 60 % la production.

Les **FRAMBOISIERS** ordinaires ou remontants, réagissent davantage encore aux cycles lunaires, aux marées et aux rayonnements venus de l'espace. Mais, plus rustiques, ils supportent mieux d'être traités n'importe quand, même entre dernier quartier et nouvelle lune, leur période néfaste.

Qu'il s'agisse des variétés bifères à double récolte annuelle : 'Heytor', 'Romy Miracle', 'Merveille des quatre saisons', 'Surpasse Falstoff' ou des variétés remontantes : 'Rose de Plombières', 'La France' et 'Malling Landmark' à très gros fruits, la framboise est fragile.

La cueillir dans les deux jours précédant ou suivant une phase de lune. L'équilibre de sève fixe mieux la saveur.

On a aussi remarqué que les framboisiers plantés, taillés, traités au début de la lune montante résistent mieux aux épidémies et ennemis.

Les **GROSEILLIERS** (à grappes, cassis compris) paraissent insensibles à la lumière de lune, subissant davantage les phénomènes de marées. On a remarqué des poussées cycliques de sève toutes les six ou douze heures, avec des pressions variant selon la force de la marée locale. Il est donc déconseillé d'intervenir sur les arbustes ou les fruits en périodes de nouvelle et de pleine lune, surtout vers les époques d'équinoxe et de solstice.

Les variétés 'Cerise rouge longue grappe', 'Cerise longue grappe blanche', 'Hollande blanche', 'Transparente blanche' et 'Knight prolific' sont sensibles à ces précautions. Leur production peut en être doublée ! La variété 'Chenonceau', encore appelée 'Versaillaise rouge', produit d'égales récoltes sans tenir compte des cycles préférentiels.

Pour lutter plus efficacement contre les ennemis des groseilliers à grappes, intervenir chimiquement en fin de lune descendante.

Les **GROSEILLIERS À MAQUEREAU**, variétés à fruits blancs ou rose-rouge, arment leurs tiges de piquants plus aiguisés en lune montante, qui deviennent des armes tranchantes redoutables à la pleine lune. Souvent, ils sont mous à l'époque de la nouvelle lune. Nul n'a pu encore expliquer ce phénomène.

GROSEILLE

A la pleine lune, les fruits possèdent toute leur saveur. On peut alors intervenir sur ces arbustes buissonnants qui aiment être exposés aux zéniths de soleil et de lune.

ESSENCES FRUITIÈRES MÉRIDIONALES

Donnons enfin quelques conseils concernant certains arbres fruitiers méditerranéens.

Le **COGNASSIER** apprécie d'autant moins les sols acides qu'il est plus exposé au rayonnement lunaire. Pour que ses fruits aient alors une saveur, il doit être presque abrité d'ombre. Au contraire, en sol neutre, il supporte beaucoup mieux le clair de lune et donne des fruits remarquables en quantité et qualité. Consacré à Vénus dans la mythologie antique, le coing passait en Grèce pour être un don de la lune à la beauté. Toute jeune épousée devait en manger un avant de franchir le seuil de la chambre nuptiale. En pharmacopée, certains chimistes attribuent à l'effet du clair de lune sur le tanin et la pectine du coing son action contre les fortes diarrhées.

Le **CITRONNIER**, très sensible au froid, craint certains clairs de lune par ciel trop pur, qui abaissent le degré thermique de l'air et du sol en surface. Les floraisons de mai et d'octobre (il y en a deux le plus souvent) peuvent alors être détruites. En France, le site de Menton est le mieux protégé contre ce risque.
En fin d'automne ou en hiver, on plante le citronnier aux environs du dernier quartier pour assurer une meilleure reprise. Les arrosages réguliers des jeunes plants, surtout de mai à septembre, doivent être plus abondants en lune montante. La taille légère, après floraison, est préférable aux environs de la nouvelle lune. Les fumures d'entretien sont souhaitables en période de nouvelle lune. L'oranger doit être planté entre premier quartier et pleine lune. Toute autre manipulation se fait aussi à cette période.

L'**ORANGER DE NICE**, aux fruits si savoureux, le plus fréquent dans notre Midi français, est sensible, en bien comme en mal, à tout incident survenu autour de la pleine lune : perturbation climatologique ou traitement peu orthodoxe. On ne peut évi-

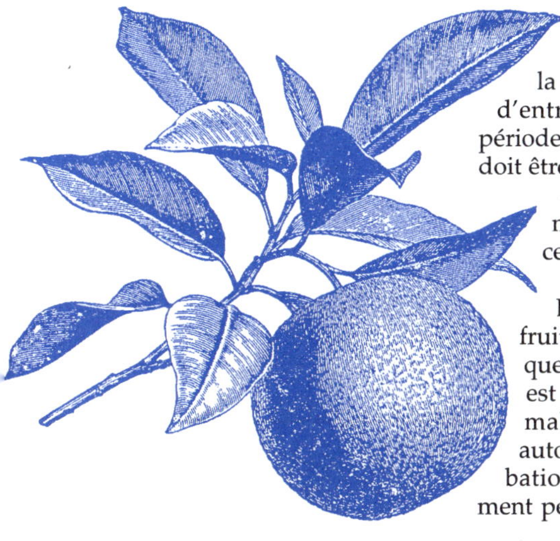

ORANGE

ter les premiers ; on doit veiller à se mettre à l'abri des seconds.
Le sol destiné aux plantations doit être travaillé et aéré dès le printemps. Et au moins toutes les nouvelles et toutes les pleines lunes jusqu'en août ou en décembre, suivant le moment choisi pour planter. L'apport indispensable et préalable d'environ 1,5 à 2 kilos de nitrate de soude s'effectue entre le dernier quartier et la nouvelle lune. Ainsi les radicelles en profitent au mieux dès le flux suivant d'énergie biologique. Ces méthodes de culture et de soins sont généralisées dans les gigantesques orangeraies d'Afrique du Sud, de Californie, d'Espagne méridionale, du Maroc. Ont leur doit, pour une large part, la quantité des fruits récoltés dans ces régions et leur saveur reconnue…

Le **GRENADIER**, originaire de Tunisie, ramené de Carthage par les légionnaires romains, subit les influences lunaires au point que tout ce qui le concerne doit être effectué à lune montante, de préférence entre le premier quartier et deux ou trois jours avant la pleine lune.
Les Marocains se servent de l'écorce du grenadier, recueillie cinq à trois jours avant une pleine lune, pour obtenir le tanin avec lequel ils colorent leur célèbre cuir « maroquin ». Plusieurs belles légendes orientales font état du grenadier. L'une rappelle que le roi Salomon entretenait avec un soin méticuleux des vergers de cet arbre. Chaque fois que la lune était pleine à son zénith, il faisait cueillir toutes les grenades mûres, alors nimbées par la clarté lunaire, et les offrait aux prêtres pour le bienfait des dieux. Car ces grenades ainsi réglées sur l'astre des nuits, symbole de bonté et de paix, passaient pour recueillir l'âme des meilleurs de ses sujets, qui avaient le cœur pur et méritaient d'avoir accès aux terres fertiles et tièdes du paradis. Une autre légende rappelle, selon les propres paroles du prophète Mahomet, que « manger des grenades purge de la haine et des envies tout comme la lune, dont elle est le fruit, purifie tout ce qu'elle baigne et qui croît en sa douce lumière… »
Quant aux Berbères, ils prétendent que l'homme soignant le grenadier ou touchant la grenade doit le faire avec autant d'amour que s'il caressait la lune. En évitant tout geste déplacé, nerveux ou brutal, car la grenade est fille de la lune et en possède toutes les vertus. On doit donc aider à sa naissance et à sa vie en observant le cycle lunaire.

GRENADE

PLANTES À FLEURS

Il est des fleurs, dans les régions tropicales, qui restent ouvertes la nuit pendant toute la période de la pleine lune. Il en est d'autres qui ne s'ouvrent que la nuit, au clair de lune. Elles referment soigneusement leur calice durant le jour, comme si l'ardeur solaire les brûlait. Toutes les fleurs sont sensibles aux divers cycles lunaires et à toutes les autres influences astrales. Dans le monde, de nombreux laboratoires et centres de recherches horticoles ont, au moins en partie, expliqué ces phénomènes. L'extrême complexité d'un ensemble floral et de ses divers éléments justifie, à elle seule, cette sensibilisation à la lune, comme au soleil d'ailleurs.

Mais on a remarqué que les fleurs et les plantes florales figent quelque peu leur développement sous l'ardeur diurne, alors qu'elles vivent davantage la nuit, comme si d'être baignées par les rayonnements lunaires leur convenait davantage.

Une des règles d'or des horticulteurs japonais, parmi les plus habiles au monde, affirme : « Si tu veux que la fleur soit belle sur sa tige et t'embaume de bonheur, respire-la et aime-la au rythme de la lune qui seule peut te la montrer telle que tu désires la voir. »

Les fleurs ornementales, spontanées ou cultivées, sont nombreuses. Il nous serait difficile de les citer toutes. Qu'on nous pardonne donc des omissions. Nous allons donner des conseils concernant les plantes à fleurs les plus importantes ou les plus sensibles à la lune. Pour faciliter les recherches des jardiniers, nous adopterons un ordre alphabétique.

ABELIA : cet arbuste aux fleurs tubuleuses pourprées ou roses doit être planté d'octobre à mars, pendant les trois jours précédant le premier quartier. La taille des sujets isolés en buissons ou en haies doit de préférence s'effectuer juste avant une nouvelle lune.

ABUTILON : ses originales fleurs rouges exigent des soins dans les quatre jours précédant une nouvelle lune. Les cultiver en plein air dans le Midi, en pots ou sous verre ailleurs.

ACANTHOLIMON : cette plante rase de rocaille, aux épais tapis d'inflorescences pourpres, roses ou blanches, se trouvera mieux si on la plante juste au premier quartier d'avril.

ACANTHE : ses hampes florales décorent pelouses et fonds de rocailles. Il doit être multiplié par division des souches dans les deux jours suivant la première lune de printemps. Dans les régions froides, on le protège l'hiver sous une couverture de paille étendue en trois épaisseurs : légère à la pleine lune de novembre, plus importante au dernier quartier suivant, et épaisse, définitive jusqu'en mars, à la nouvelle lune suivante.

ACHILLÉE : préfère l'alentour de la nouvelle lune, notamment les variétés 'Umbellata' à feuillage argenté et 'Taygetea d'Égypte' aux inflorescences d'un très beau jaune pâle.

ACIDANTHERA : avec ses fleurs très parfumées, dans le Midi méditerranéen, il sera plus beau en exposition au zénith de lune et si on le plante juste avant la seconde nouvelle lune de printemps. Ce conseil est également valable pour les sujets cultivés en pots et entretenus en intérieur.

ACONIT : doit toujours être planté juste après la nouvelle lune de septembre-octobre ou après celle de mars-avril. A la rigueur pendant les quatre jours suivants, mais avant le premier quartier.

ADONIS : ses fleurs d'un jaune vif et brillant sont éclatantes au milieu des rocailles. Il tiendra si l'on effectue toute intervention en premier quartier, si possible le soir, quand la lune est déjà visible. Il doit bénéficier au mieux de la clarté lunaire. C'est l'une des plantes les plus sensibles aux influences astrales.

ÆCHMEA : cette superbe plante d'appartement aux fleurs roses exige d'être arrosée avec les phases de lune, davantage en été, peu en hiver. Et chaque fois que possible d'être « baignée » par un clair de lune assez

ADONIS

doux, juste après le premier quartier par exemple, ou avant le dernier quartier.

ÆTHIONEMA : ses innombrables variétés de rocaille se développeraient mieux au premier quartier de lune. Elle réclame aussi un ensoleillement et une exposition au clair de lune aussi franche que possible. Éviter toute intervention aux approches de la nouvelle lune comme du dernier quartier.

AGAPANTUS : à planter ou rempoter toujours aux environs du premier quartier, de préférence juste avant.

AGERATUM : ses fleurs bleues ornent en été les bordures de massifs. Est plus beau si on l'expose en plein soleil et donc, en pleine lune, et si l'on sème, bouture, replante, pince entre premier quartier et pleine lune.

ALISMA : plante aquatique dont on use souvent (notamment la variété 'Plantago') pour décorer étangs, petits lacs et pièces d'eau. Se plante ou se traite en phases neutres de premier et de dernier quartiers.

ALOE : comme l'agave, préfère une exposition plein soleil et pleine lune, et être planté, taillé, entretenu en premier quartier.

ALSTRŒMERIA : ou « lis des Incas » du fait de son origine andine, a les mêmes exigences.

ALTHAEA : cet arbuste aux fleurs en étoile multicolore doit être planté et entretenu en fin de lune descendante.

ALYSSUM SAXATILE : cette superbe plante de rocaille ne donne son plein épanouissement de corbeille dorée que si on la plante juste après un premier quartier entre septembre et avril.

AMARANTE : ou queue de renard, à longs épis pourpres ou ocre plus ou moins vif, préfère plantation et soins en début de lune descendante, « à rebrousse-poil », comme disent les horticulteurs japonais.

AMARYLLIS : quoique très sensible aux rythmes lunaires, n'exige qu'une seule précaution impérative : les bulbes ne doivent pas être plantés le jour de la pleine lune de juillet ou août. On ignore la raison de cette exigence, mais l'oublier sclérose les fleurs ou fait périr la plante.

ALOE

ANAGALLIS : cette superbe plante de rocaille vous saura gré de la planter et soigner entre premier quartier et pleine lune. Vous en serez récompensé par ses opulentes floraisons allant du saumon au bleu-violet.

ANCOLIE : préfère la pleine lune, à deux jours près. Ne l'oubliez pas. La beauté de ses fleurs vaut d'y prêter attention !

ANÉMONE : toujours à planter, soigner, traiter, cueillir en fin de lune ascendante. C'est un impératif plus qu'un conseil !

ANTHEMIS : moins exigeante, mais se trouve plus sensibilisée pendant les quatre à cinq jours suivant le quartier.

ANTHURIUM : apprécie d'être exposé, de temps à autre, à un clair de lune doux (premier ou dernier quartier). Ce sera pour lui un bain de jouvence.

ARCTOTIS : sur le littoral méditerranéen, avec ses larges fleurs aux couleurs vives orange, dorées ou mauves, préfère toute intervention en pleine lune et une exposition zénithale soleil et lune.

ARETIA, ANDROSACEA, ARTEMISIA : comme la plupart des plantes dites alpines, exigent un éclairage par la lune. Planter en début de lune montante.

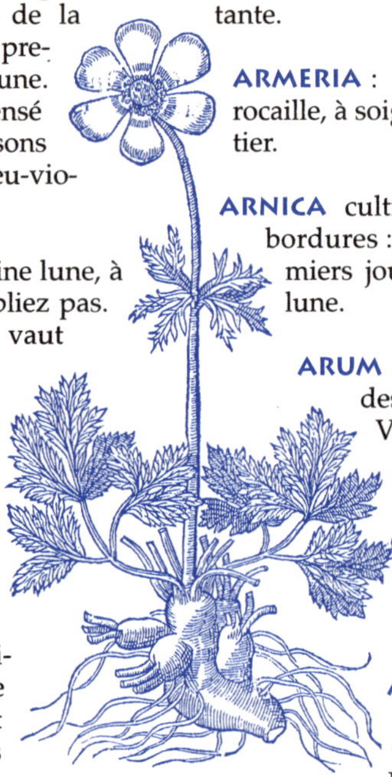

ARMERIA : très belle plante de rocaille, à soigner en premier quartier.

ARNICA cultivé et **ARNEBIA** de bordures : préfèrent les premiers jours après la nouvelle lune.

ARUM : paraît peu se soucier des influences astrales. Vous serez pourtant bien inspiré de lui consacrer vos soins en fin de lune ascendante, en exceptant le jour de la pleine lune.

ASTER : très résistant, s'adapte aux contextes les plus variés. Peu de conseils donc, mais éviter tout soin ou manipulation en début de lune décroissante. Entre pleine lune et troisième jour avant le dernier quartier (variétés 'Berggarten' et 'Amellus').

AUBRIETIA : à fleurs mauves, préfère être plantée avant la dernière pleine lune d'octobre-novembre ou avant celle qui ouvre le printemps.

AZALÉE : peu sensible selon sa variété à l'exposition. Mais affectionne toujours d'être baigné par le clair de lune et y gagne une floraison plus dense et colorée. Les Japonais, qui apprécient beaucoup ce petit arbuste d'or-

ANÉMONE

nement, en tiennent compte dans leurs jardins, publics et privés, en ville comme à la campagne. Les azalées de variétés dites anglaises comme 'Ballerina', 'Ginger', 'Royal Lodge' se développent mieux si on les plante et soigne en fin de lune descendante.

BALSAMINE : sa floraison est plus serrée si on la multiplie, transplante, repique en début de premier quartier.

BÉGONIA : celui à bulbes apprécie d'être manié et soigné en début de lune descendante. Quant aux variétés naines pour bordures, c'est le dernier quartier et la semaine jusqu'à la nouvelle lune qui leur conviennent. Les tubéreux sont beaucoup plus sensibles aux influences astrales et nécessitent des soins plus précis.

Les bégonias de collection, travaillés par les horticulteurs, sont d'autant plus fragiles qu'ils sont plus beaux et rares. On doit en tenir compte lorsqu'on choisit ses variétés pour plantations d'intérieur, d'extérieur en massifs ou balconnières; les soigner, les entretenir, les arroser, souvent à des heures fixes, qu'on aura à déterminer après un essai d'une saison.

BELLE DE JOUR : contrairement à ce qu'indique son nom, elle est très sensible au clair de lune, qui vivifie le velouté de ses coloris par une action chimique.

BELLE DE NUIT : ne fleurit qu'au coucher du soleil. Son coloris velouté, de toutes teintes, est ravivé par le clair de lune. Elle en épouse toutes les particularités locales avec une assez grande souplesse.

Elle s'accommode de tout particularisme, transplantation, bouleversement. Pourtant il est préférable de la semer juste avant la pleine lune d'avril, de la repiquer avant celle de fin mai-juin et de l'arroser, surtout, en lune ascendante.

BERKHEYA : exige des soins en fin de lune ascendante, mais ses fleurs jaunes n'apprécient guère des clairs de lune trop vifs. Lui prévoir une exposition quelque peu ombragée du côté sud, dans nos régions.

BIGNONIA : cette espèce grimpante se protège, au besoin en tournant ses fleurs le soir, des clairs de lune trop intenses. En revanche, l'insolation directe est indispensable.

Ce particularisme vient d'une plus grande sensibilisation aux radiations rouges du spectre lumineux dont, justement, le reflet du soleil par la lune est le plus pauvre.

BLEUET : aime sable et soleil et vous saura gré d'être planté en fin de lune ascendante.

BLEUET

BOUILLON BLANC : cette espèce médicinale, fort décorative en fond de massif ou bordure de haie, sera cultivée selon les mêmes principes. Les vertus de ses feuilles et fleurs contre divers maux de la peau, irritations de gorge, brûlures n'en seront que plus efficaces.

BRUNNERA : cette plante buissonnante de hauteur moyenne épanouit davantage ses belles fleurs multiples en lune ascendante. Elle en portera davantage si tous les soins, depuis les semis, sont effectués juste après le premier quartier. Selon un proverbe persan, « qui l'aime doit le garder de la lune qui s'éteint, mais au contraire lui faire offrande de la plus grande luminosité nocturne ».

BRUYÈRE : ne pose aucun problème. Elle aime la lune et s'en trouve bien. Ce que l'on sait moins, c'est qu'il faut la grouper en touffes ou lui donner un voisinage buissonnant. Elle souffre d'un clair de lune la baignant totalement. Elle s'entend fort bien avec la plupart des plantes de rocaille ou bordure.

BUDDLEIA : l'arbre à papillons, dont les épis de fleurs mauves attirent ces insectes, double le parfum qu'il répand entre nouvelle et pleine lune, comme si le rayonnement de la lune montante massait ses cellules et en extrayait davantage d'essences odorantes. C'est un arbuste floral qui aime à être planté, transplanté, soigné aux environs du premier quartier. Il apprécie une exposition zénithale. Pour certaines tribus d'Afrique du Sud, ce végétal « se nourrit de lune »... Et c'est un peu vrai !

CALCÉOLAIRE : belle plante aux superbes floraisons allant du jaune pâle à l'ocre tacheté de rouge et au carmin. Sous une véranda, derrière une fenêtre, l'exposer au clair de lune. Pour lui, c'est à la fois un bain de santé et un massage. Le planter, le soigner en lune montante.

CALLISTEMON : plante aux plumets rouge vif qui exige beaucoup de lumière, tant solaire que lunaire. Il croît en pleine terre sur la Côte d'Azur et sous serre plus au nord. Il souffrira de tout déséquilibre, dans les régions où les ciels nocturnes sont trop souvent couverts. Il est important d'en tenir compte avant de décider sa culture. Certains horticulteurs d'Europe du Nord pallient les conséquences de ces éventuels déséquilibres lumineux entre

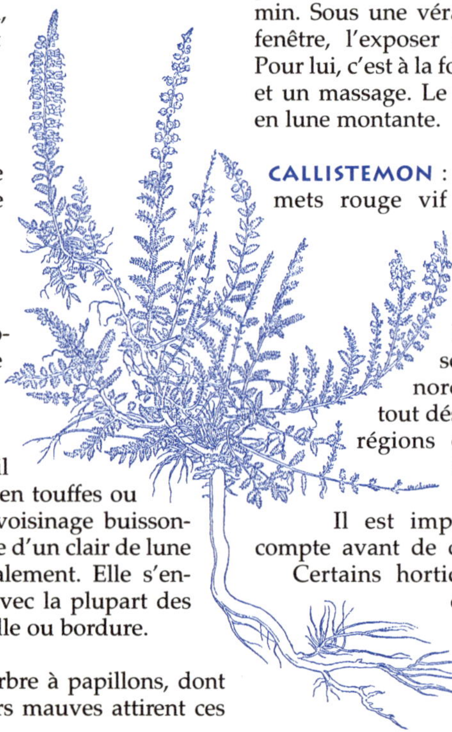

BRUYÈRE

jours et nuits en installant de simples éclairages d'appoint, sous serre, reproduisant le spectre caractéristique du clair de lune.

CAMPANULE et **CAMOMILLE** : aux très décoratives fleurettes champêtres et aux vertus médicinales appréciées, se trouvent également bien d'être toujours maniées et soignées aussitôt après la nouvelle lune. Elles bénéficient de tout l'influx énergétique de la lune ascendante. Se méfier cependant des influences de marées qui leur sont néfastes lors des quatre phases maximales d'équinoxes et de solstices. S'abstenir alors de les toucher. Les horticulteurs japonais estiment qu'agir autrement, c'est « violer » la plante, la traumatiser, voire la tuer.

CANNA : s'élance, altier, au centre de massifs dans les jardins publics. Qui n'a souhaité en voir pousser sur son terrain ? C'est assez facile. Le multiplier, par division du rhizome, juste après le premier quartier de mars. Placer les fragments en pot, en serre. Les planter, en pleine terre, trois ou quatre jours avant la pleine lune de mai en climat moyen.

CAPUCINE : plante robuste, rustique, très appréciée des jardiniers professionnels et amateurs. Sa floraison est plus fournie et plus longue si toutes les opérations se font juste avant le premier quartier.

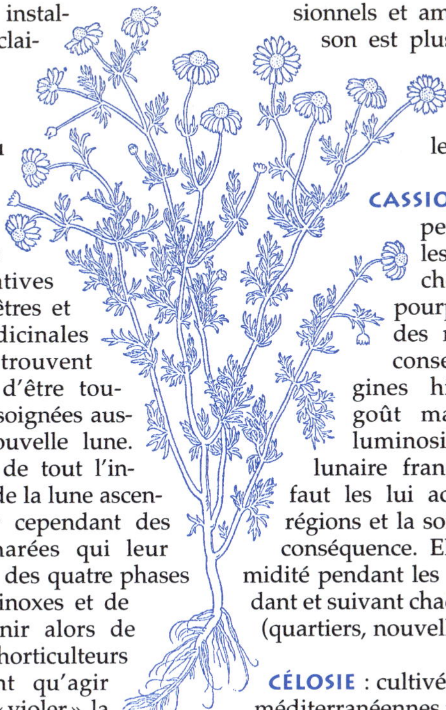

CASSIOPE : charmante petite plante dont les clochettes blanches veinées de pourpre font la beauté des rocailles… Elle a conservé de ses origines himalayennes un goût marqué pour des luminosités solaire et lunaire franches, directes. Il faut les lui accorder dans nos régions et la soigner, l'arroser en conséquence. Elle apprécie l'humidité pendant les deux jours précédant et suivant chaque phase de lune (quartiers, nouvelle et pleine lune).

CÉLOSIE : cultivée dans les régions méditerranéennes pour ses superbes plumeaux de couleur corail ou jaunâtre, aime la lune et sa lumière mais craint tout soin effectué entre dernier quartier et nouvelle lune.

CENTAURÉE : plus résistante, mais on sera inspiré de préférer les quatre jours précédant la pleine lune. Elle fait alors un plein maximal d'énergie.

CENTRANTHE DU MIDI : demande les mêmes soins que la centaurée.

CÉRAISTE : plante idéale pour décorer une rocaille, un mur, un massif en pente raide ou un talus. Ses innom-

CAMOMILLE

brables fleurettes blanches, ses tiges grises velues sont du plus heureux effet.
Se souvenir alors que cette plante, quoique robuste, préfère être exposée au soleil et à la lune. La soigner, tailler, élaguer, en fin de lune descendante seulement. Elle perdrait trop de sève, trop d'énergie en toute autre période.

CHARDON et **CARLINE** : nains ou à longues tiges, de toutes espèces, ces plantes décoratives aiment l'exposition zénithale, au soleil et à la lune, et préfèrent être plantées en début de lune ascendante. En revanche, si l'on veut les conserver pour des bouquets secs, les tiges florales seront plus colorées si on les coupe exactement à la pleine lune.

CHÈVREFEUILLE : cet arbuste d'ornement aux fleurs blanches, jaunes ou roses ou aux coloris mélangés, paraît d'une robustesse sans égale. Pourtant, il convient de le planter et le soigner en lune descendante ; en effet, la circulation de sève est forte le long de tiges souvent très longues, comme pour le liseron. Il est donc préférable d'intervenir lorsque ce flux est moins intense. Les perturbations éventuelles, de taille par exemple, seront plus localisées et traumatiseront moins la plante dans son ensemble.
Si le chèvrefeuille accepte toutes les expositions (même au nord à la rigueur), faire en sorte qu'il puisse bénéficier de la lumière du soleil et de la lune réfléchie par un mur blanc, par exemple, voire simplement par un objet décoratif blanc placé face à l'arbuste.

CHRYSANTHÈME : très sensible aux influences astrales. Parfois, un clair de lune trop vif brûle les feuilles trop exposées ou calcine les extrémités de certains pétales. Parfois, il confère à des feuilles ou fleurs des formes aberrantes, dénature leur coloris normal, coude des tiges. Ces malformations peuvent aussi résulter de soins distribués à contretemps.
Certains s'accommodent de la lune ascendante et, dans cette période, ont une préférence pour quelques jours, un seul jour, voire un intervalle de six heures entre deux marées lunaires. D'autres se trouvent mieux de la lune descendante sans qu'on puisse en trouver la cause. Une même variété réagit différemment d'un site à un autre. Elle

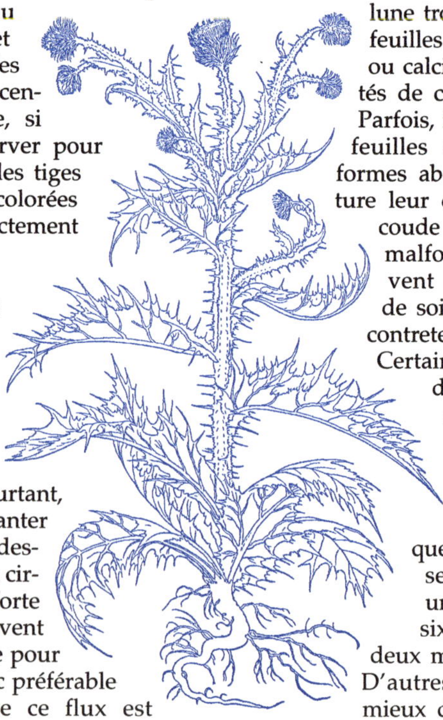

CHARDON

souhaitera des soins au premier quartier en tel endroit et en dernier quartier quelques centaines de mètres plus loin. Un pot de chrysanthème qui prospère chez l'horticulteur où vous l'achetez avant la Toussaint périclitera plus ou moins rapidement, malgré tous vos soins, au cimetière où vous l'aurez déposé, à cent mètres de là... Sa réaction aura été négative face à son nouvel environnement, à la modification des reflets solaires et lunaires qui l'entourent.

CINÉRAIRE : hybride, fleur des Rameaux, fleurit aussi bien les parterres que les appartements ou les jardinières, y compris celles des cimetières. La semer au solstice d'été (24 juin). La mettre en pot grandissant toujours en lune finissante.

CLÉMATITE : nombreuses variétés, fantaisistes quant aux réactions : une éclipse suffit à la perturber. Ce végétal paraît conditionné pour une ambiance très précise et fort étroite quant à la lumière reçue de la lune et aux influences de marées ou magnétiques. En règle générale, exposer la clématite au zénith de la lune, mais lui éviter un zénith de soleil trop direct, contre une surface réfléchissante plein sud, par exemple. La plantation, d'octobre à mi-avril, se trouvera bien d'un premier quartier, juste avant ou après, sur une période de quatre jours. Quant à la taille des espèces buissonnantes, opérer de préférence autour du dernier quartier et même dans les quatre jours précédant une nouvelle lune. Eviter à ce propos l'été de la Saint-Martin et l'équinoxe d'automne. Les variétés les moins sensibles se trouvent parmi les hybrides les plus travaillés par nos horticulteurs, comme si dénaturer certains caractères originaux ôtait une sensibilisation spécifique à la plante.

CLÉMATITE

CLIVIA : plus beau si vous l'exposez à la lune, même cultivé en appartement. Il sera vivifié, comme ravivé par le clair de lune. L'ensemble de la plante y gagnera en force et résistance contre toutes les agressions.

COBÉE : semer cette plante grimpante sous châssis avant la pleine lune de février-mars. Repiquer sous châssis avant la pleine lune suivante. Planter, toujours avant la pleine lune de mai-juin. On dispose de trois à quatre jours avant chacune de ces pleines lunes.

CŒUR-DE-MARIE : nom vernaculaire du *Dicentra spectabilis*, très répandu dans nos jardins. Ses grappes de cœurs roses sont fort décoratives. Au Japon, d'où le genre est originaire, on prend soin de le planter quatre jours avant une pleine lune. On dispose des sept jours entre le premier quartier et la pleine lune. On signale, dans certaines régions, des jours néfastes à cette plante autour du dernier quartier.

COLCHIQUE : connu comme étant des prés, il habite aussi nos jardins où ses fleurs, généralement d'automne, y sont du plus heureux effet. Soigner, planter, intervenir deux jours avant la pleine lune. Éviter à tout prix la semaine entre le dernier quartier et la nouvelle lune. Plante très sensible aux marées exceptionnelles d'équinoxe.

COQUELICOT : fleur robuste. Son port et son coloris seront plus élégants si l'on respecte sa sensibilité pour la pleine lune. Entretenir et soigner quatre jours avant la pleine lune, mais jamais après.

COQUELICOT

COQUELOURDE (*Lychnis cœlirosa*) : semée à l'automne en lune descendante, fleurit au printemps ; semée au printemps en lune montante, fleurit à l'automne.

COTONEASTER : de très nombreuses variétés au port droit, rampant ou buissonnant. Il subit les marées avec une grande sensibilité. Il adapte son cycle végétatif à celui du mois lunaire avec des poussées de sève variables selon le rythme local : toutes les six heures, parfois toutes les douze heures.
Il paraît moins réceptif à la lumière de lune. Mais des chercheurs russes ont noté des variations d'intensité chromatique, selon nouvelle ou pleine lune, sur les feuilles d'espèces bicolores (feuilles vertes veinées d'ocre).

CROSCOMIA : plus connu sous le nom de *Montbretia*, cette plante de jardins et d'intérieur aux superbes grappes florales orangées choisit la pleine lune. Cette préférence est modulée en fonction de l'exposition. Elle évolue vers le premier ou le dernier quartier en cas d'exposition plein sud. Des bains de lumière lunaire lui sont aussi profitables. Éviter les clairs de lune trop intenses des six jours de part et d'autre d'une pleine lune.

CROCUS : il est fragile ; une légère variation de température, une averse un peu violente en début de floraison suffisent à scléroser et à faner une fleur qui n'aura même pas eu le temps de s'épanouir. Il doit cette fragilité à ses réactions que les savants russes taxent d'« émotives » aux phases de lune. Parmi toutes les plantes et fleurs qu'ils ont étudiées dans le cadre de leurs recherches destinées à définir une « sentimentalité » et une « intelligence » végétale, le crocus est l'une des espèces qui a fourni le plus d'enseignements.
Les chercheurs russes, on l'a noté, ont pu photographier des « auras » de fleurs. Ils ont pu rattacher certaines de ces variations d'énergie consommée ou émise par les fleurs à des influences astrales lointaines, comme une variation d'intensité dans un rayonnement venu d'une étoile infiniment éloignée (Sirius, Antarès). Ou encore à des modifications d'intensité dans le flux des bombardements de particules cosmiques. L'un de ces chercheurs nous a confié que le crocus était l'une des trente ou quarante plantes sélectionnées parmi plusieurs centaines testées. « Et, curieusement, l'affinité des crocus, en plein air comme en intérieur, pour des végétaux voisins change en fonction des phases de lune ou de telles autres modifications d'un facteur astral. Selon ces modifications, le crocus, mais sans doute toutes les autres plantes à des degrés divers, connaît des "mouvements d'humeur". Il se sent pris d'une affection immense pour telle plante qui le touche ou se trouve assez éloignée de lui. On a noté des échanges de rayonnements aux influences bénéfiques pour l'une et l'autre des plantes. Et, quelques heures plus tard, le phénomène est inverse, il y a répulsion après une période d'indifférence… »
C'est là un problème de parapsychologie touchant à la vie végétale. Nous devions le signaler.

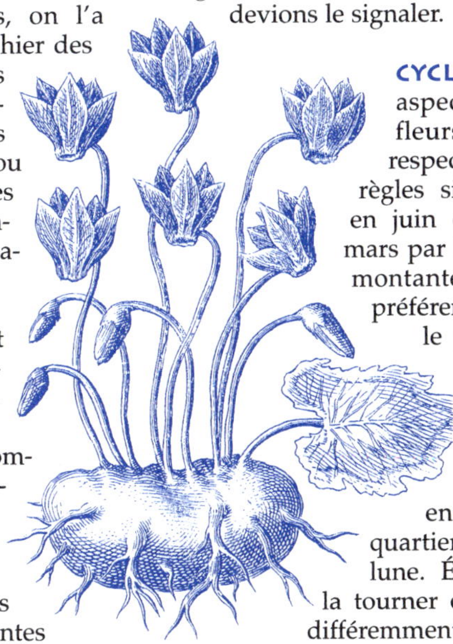

CYCLAMEN

CYCLAMEN : son aspect, feuilles et fleurs, dépend du respect de certaines règles simples : semer en juin ou planter en mars par bulbes en lune montante. Opérer de préférence juste avant le premier quartier et éviter de changer la plante de place (en pot par exemple) entre le dernier quartier et la nouvelle lune. Éviter aussi de la tourner et de l'exposer différemment à la lumière durant cette semaine de fin de cycle énergétique. Cette recommandation est surtout valable en appartement, où la trop grande chaleur le fatigue vite.

CYTISE : cet arbrisseau aux bouquets de fleurs jaunes apprécie surtout une exposition modérée au soleil et à la lune. Le multiplier, par semis ou greffages, en fin de lune descendante. Il profite ainsi d'un « flux positif » entier.

DAHLIA : à l'égal du crocus, cette plante est considérée par les chercheurs russes comme l'un des éléments végétaux les plus significatifs en matière d'« émotivité conditionnée par l'environnement cosmique et local ».

Le dahlia de nos jardins est différent de sa souche originelle mexicaine. Il reste néanmoins très sensible à la lumière, qu'il aime intense. Il profite du soleil comme du clair de lune. Il est aussi sensible aux marées. Il faut l'exposer plein sud dans nos régions.

Le semer, multiplier par bouturage, manier les souches, les planter, les déterrer, couper les fleurs quelques jours avant le premier quartier. A la rigueur, toute la lune montante peut être considérée comme favorable pour toucher au dahlia. Éviter, de toute façon, la fin du dernier quartier. Chez certaines variétés, cette période précédant la nouvelle lune entraîne, par réactions lumineuses et dépressions de marées, des modifications chimiques cellulaires. Celles-ci peuvent dégénérer en diffusion de poison pour la plante si on la bouge trop à ce moment. Mais le dahlia reste une plante très résistante, qui s'adapte à toutes les utilisations jardinières. Les nouvelles variétés naines 'Top Mix' peuvent même fleurir fenêtres et balcons.

DATURA : cette plante aux fleurs étranges (immenses trompettes de couleurs vives, chiffons blancs suspendus à des tiges ténues) est cultivée comme élément décoratif de plates-bandes. Selon les espèces, la période favorable pour tout maniement varie du troisième jour avant le premier quartier au quatrième jour après la pleine lune. On ne risque pas de se tromper trop en opérant entre le premier quartier et la pleine lune, quelle que soit la variété.

DELPHINIUM VIVACE : ses feuilles, et non ses fleurs, embaument de leur parfum suave les jardins où on le cultive.

DIERAMA : appartient à la famille des iris. D'origine sud-africaine, il est très apprécié des horticulteurs britanniques. Nous connaissons surtout la variété 'Pulcherrima', assez haute puisque ses tiges frêles portant des clochettes de fleurs

DELPHINIUM

mauves atteignent près de 1,50 m. Les semis doivent se faire, en pot, au printemps, la nuit d'une pleine lune. Les pots doivent être bien baignés par la lumière lunaire. Pour les protéger des rigueurs de l'hiver, les jardiniers irlandais épandent sur les pieds coupés du *Dierama* des paillis, des lits de feuilles, voire des feuilles de papier plastifié ou goudronné. Mais ils prennent soin alors d'agir par une nuit de nouvelle lune, estimant le végétal assoupi.

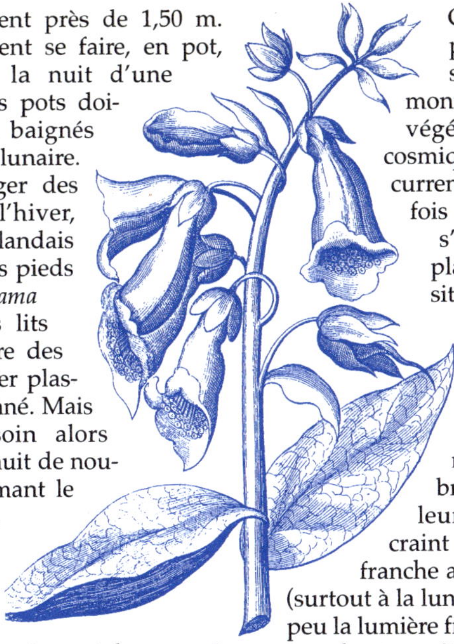

DIGITALE

DIGITALE : cette plante, dont vous vous garderez de mâchonner la moindre feuille ou tige, est cultivée en jardin pour la beauté légère de ses fleurs. Elle aime être semée en couche juste avant la première lune de printemps. Repiquez-la, selon la croissance, au premier quartier de mai ou de juin.

DIONAEA : étrange plante insectivore originaire d'Amérique, affectionne les sols humides, marécageux et vit au rythme de la lune, si l'on en croit des botanistes de l'État de Caroline, où l'on a retrouvé sa souche originelle. Toutes les fonctions végétatives de la *Dionaea* se déroulent pendant la nuit, avec des intensités croissant de nouvelle lune vers pleine lune, décroissant ensuite. C'est l'un des plus parfaits exemples, selon eux, de l'harmonie entre un rythme végétal et un rythme cosmique, lunaire en l'occurrence. Signalons toutefois que cette harmonie s'altère lorsque la plante vit hors de son site naturel, les marais de Caroline et de Virginie.

DORONIC : vivace très ornementale aux nombreuses fleurs de couleur jaune à orangé, craint une exposition trop franche au soleil ou à la lune (surtout à la lune, dont elle apprécie peu la lumière froide). Une situation au nord-est paraît idéale.

EDELWEISS : la reine des sommets alpins. Elle est souvent cultivée en jardins pour la perfection de ses fleurs. Une exposition très franche au soleil et à la lune est nécessaire. Le semis ou la reproduction en séparant des éléments à partir des touffes au printemps doivent de préférence se faire juste avant le premier quartier.

ÉGLANTIER : sensible à quelques conjonctions astrales. Certaines configurations planétaires dans le cadre du système solaire entraînent chez lui des modifications, ainsi que les marées. Mais ces conjonctions obéissent à des cycles de quelques dizaines d'années, pour la plupart… Inutile donc de s'en préoccuper quand on plante ou soigne un églantier. Se souvenir toutefois de sa préférence pour une lumière forte, de soleil comme de lune !

EREMURUS : plante géante qui atteint 3 m de hauteur. Elle s'oriente à la lune chaque fois que la lueur nocturne est assez intense. On a remarqué que la forme en tentacules de ses racines découle de la quantité de lumière lunaire qui la baigne. Cette souche souterraine est beaucoup plus importante et assure une meilleure assise à cette plante, sensible aux vents, si elle est située dans une région aux nuits claires (sud de la Bretagne et Provence, par exemple).

FORSYTHIA : symbole du printemps dans nos régions, premier arbuste à fleurs à s'épanouir en touffes d'un jaune clair et vif, le forsythia est très sensible aux rythmes du ciel, cycles de lune, lumière et marée, influences des taches et explosions de la couronne solaire, densité des rayonnements cosmiques, etc. On peut même affirmer qu'il vit au rythme de ces divers facteurs et que rien dans sa croissance et ses phases florales n'échappe aux influences de l'espace. Ceci est perceptible aux seuls spécialistes.

Dans votre jardin, sachez vous abstenir de bouturer ou marcotter en lune décroissante. Vous devrez tailler les rameaux aussitôt après la floraison (mais jamais entre le premier quartier et la pleine lune : la meilleure sève serait perdue et la floraison de l'année suivante compromise) ; taillez-le de même après l'hiver. Bien qu'il aime toutes les expositions et qu'il sache, à la rigueur, se passer de soleil comme de lune, il est préférable de situer l'arbuste au sud ou au sud-ouest.

FRAXINELLE : assez haute (jusqu'à 1,50 m), aime les sols calcaires et les régions chaudes du Midi comme de haute Alsace. Doit être semée juste après le premier quartier. En été, les huiles odoriférantes dégagées par les cellules périphériques des feuilles se concentrent, particulièrement aux approches de la pleine lune ou d'un orage, et plus encore quand il y a conjonction des deux phénomènes. Il suffit alors d'allumer un briquet à proximité de la fraxinelle pour obtenir en chaînes de brèves mais très lumineuses et sonores explosions. Ce sont les huiles qui se consument brutalement au contact de l'oxygène de l'air.

FREESIA : aime davantage la lumière, surtout de lune, qui avive ses coloris et les fait plus veloutés. A planter en lune montante.

FUCHSIA : souvent appelé « lampion de fête » ou « lampion du 14 juillet » pour ses fleurs aux coloris vifs. On connaît de nombreuses variétés de ce végétal originaire d'Amérique du Sud et de Nouvelle-Zélande. Réputées aimer l'ombre, les variétés doubles apprécient néanmoins quelques rayons de soleil en fin de journée. Toutes souffrent, dans l'hémisphère boréal, d'avoir été transplantées. Elles ne sont pas génétiquement adaptées à nos régions. Leur fragilité au gel, par exemple, résulte des contraintes opposant leur rythme propre à celui

qu'elles subissent ici. Il est conseillé de leur éviter tout traumatisme (dépotage, transplantation et même arrosage) lors des quatre phases mensuelles de lune. Le fuchsia est alors trop sensible et pourrait mal supporter une contrainte supplémentaire.

GARDENIA : même coupé et porté en boutonnière, est plus odorant par lune montante, davantage au premier quartier comme à la pleine lune. Savoir l'acheter et l'offrir aux bons moments, c'est le seul conseil à donner. Car sa culture, délicate, sous serre, ne relève pas du jardinier, même averti.

GAZANIA : très recherché pour fonds de massifs, bordures d'allées, balconnières basses et mêmes taches de couleurs vives au milieu des pelouses. Si ses belles fleurs s'ouvrent au plein soleil et quelques heures seulement par jour, elles s'entrouvrent aussi la nuit, au clair de lune. Lorsqu'on divise les pieds en plein été pour multiplication des souches, il est souhaitable de le faire pendant les lunes montantes de juillet et août.

GÉRANIUM : très robuste, réagit beaucoup aux influences astrales. Mais ces réactions sont imperceptibles sauf pour un observateur attentif, par des variations d'intensité du coloris des fleurs et des émissions parfumées rayonnées par tiges et feuilles.

On ne peut guère donner de conseils en ce qui le concerne. Il paraît tout supporter et pouvoir s'adapter à tous les contextes, même aux mauvais traitements. Pourtant, si l'on souhaite une plante plus vigoureuse, poussant davantage de rameaux en beaux éventails, portant plus de fleurs, il vaut mieux rentrer le géranium lorsqu'il risque de geler en pleine terre (dans les régions soumises à des gelées assez fortes : au-delà de - 5°C) en lune descendante. Il est conseillé de le tailler en nouvelle lune pour perdre moins de sève, de le laisser en pot plutôt que dépoté et suspendu à l'envers, de le placer dans une cave fraîche (un peu éclairée et si possible par la clarté lunaire des nuits d'hiver), et de l'arroser très légèrement pendant l'hiver pour humecter la surface de la terre, juste après chaque nouvelle lune. Enfin on aura soin de le sortir au printemps, un ou deux jours avant un premier quartier, lorsqu'on sait ne plus avoir à craindre les gelées tardives, de le mettre alors en pleine terre juste après un premier quartier et d'éviter

GÉRANIUM

ensuite toute manipulation par lune décroissante.

GIROFLÉE : très appréciée par les jardiniers pour l'enivrant parfum qu'elle dégage, elle doit toujours être maniée, à quelque moment que ce soit de sa croissance, en lune montante, de préférence, pendant les trois à quatre jours précédant une pleine lune.

GIROFLÉE

GLAÏEUL : les mêmes conseils s'appliquent. La séparation des caïeux ou les semis, la plantation doivent s'opérer juste avant une pleine lune. On obtient des plants plus résistants aux divers maux qui les guettent.

GLOXINIA : on peut le cultiver en serre l'hiver et le planter en pleine terre l'été au sud de la Seine. Présentera un velouté plus intense si tous les travaux sont pratiqués autour du dernier quartier, dans l'hémisphère Nord. Négliger ce conseil équivaut à diminuer du tiers environ le nombre des fleurs, leur diamètre et leur éclat.

GYNERIUM : appelé aussi « herbe des pampas ». Les variétés résistantes au froid doivent être taillées à la dernière pleine lune de décembre. Les autres doivent être taillées ou leurs feuilles sèches brûlées avant la première nouvelle lune de printemps après les grands froids. Celle de février, de mars, voire d'avril selon les régions.

HELENIUM : diviser les touffes en lune montante. Les toucher au printemps ou aux approches de l'équinoxe est voué à l'échec. Ne pas semer non plus dans ces périodes.

HELIANTHUS : plus connu sous le nom de soleil ou de tournesol, est presque aussi sensible à la lumière de lune qu'à celle du soleil. Seule différence : il néglige de suivre la lune la nuit comme le soleil le jour. Selon les savants russes, c'est la nuit, à la clarté lunaire, que s'opère dans les graines du cœur des larges fleurs la synthèse des huiles. Celles-ci, riches et précieuses pour leurs vertus diététiques, font de cette plante ornementale une fleur industrielle et cultivée comme telle.

HELICHRYSUM (ou immortelle) : réservé aux bouquets secs, préfère être soigné deux jours après le premier quartier. Toute la période entre nouvelle et pleine lune est favorable. En revanche, éviter à tout prix, même pour couper les tiges florales, toute manipulation pendant les deux jours précédant la nouvelle lune.

HÉLIOTROPE : craint aussi cette période d'avant la nouvelle lune tout comme l'**HÉMÉROCALLE**, aux nombreuses variétés. L'exposer au zénith de soleil et de lune et l'isoler suffisamment pour que la lumière lunaire baigne entièrement la plante. Couper le feuillage à la première nouvelle lune de novembre. En revanche, c'est aux pleines lunes de septembre ou de mars (là où l'on craint les grands froids) qu'il faut planter.

HORTENSIA : un seul conseil en ce qui le concerne : planter ou tailler en lune ascendante.

IMPATIENS : aime la lumière lunaire mais moins le soleil ! Difficile de concilier ces deux aspects. Un emplacement ombré peut y parvenir.

IRIS : planté et soigné en fin de lune ascendante, aura une croissance plus équilibrée, une floraison plus abondante et durable. Une légende japonaise plaçait la maison familiale lorsqu'elle était pauvre sous la protection de la lune. C'est elle qui a inspiré partout en Eurasie cette habitude qu'on a en Normandie ou dans les îles Britanniques de couronner d'iris le faîte des toits de chaume.

JACINTHE : si elle est plantée de préférence entre le premier quartier et la pleine lune, elle aura une hampe plus haute, au coloris plus vif, et un parfum plus intense.

JASMIN : développe son parfum par lune montante pour atteindre un maximum à la pleine lune. Mais ce parfum sera plus profond si l'on manie la plante en lune montante pendant les quatre jours précédant la pleine lune.

KNIPHOFIA : aime le plein soleil et l'exposition à la lune. Ses superbes épis rouges ou bicolores carmin et blanc seront plus beaux aux environs de la pleine lune.
Diviser les touffes juste avant la seconde pleine lune de printemps.

LAURIER-ROSE : se reproduit par boutures, juste avant une pleine lune en mars ou en avril.

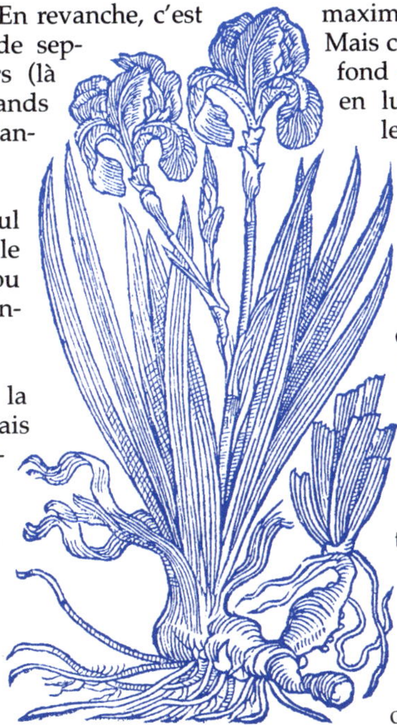

IRIS

LAVANDE : se sème ou se bouture juste avant une pleine lune de printemps.

LILAS : sa floraison, bien brève, sera plus durable, avec des épis plus volumineux et aux tons plus vifs, si on le plante entre le premier quartier et la pleine lune, et surtout si, chaque année, on taille juste avant la nouvelle lune qui suit la floraison, même s'il y a relatif chevauchement. Mieux vaut couper des fleurs encore belles que perdre un mois et compromettre la floraison de l'année suivante.

LIS : de culture difficile. Très sensible aux moindres variations de son environnement, il l'est davantage aux rythmes des marées lunaires. On doit éviter de le manier en phases lunaires caractérisées. Opérer, pour diviser les touffes ou bouturer, en fin de lune ascendante.

LISERON : éviter aussi les quartiers et la nouvelle lune.

LUPIN : ses épis multicolores sont l'orgueil de nos jardins. Préfère être semé en lune montante d'avril ou de mai.

MAGNOLIA GRANDIFLORA : opérer sur lui pendant les cinq jours précédant une pleine lune.

MILLEPERTUIS : apprécie qu'on s'occupe de lui en début de lune montante. Donnera tout son effet floral si l'on a soin de diviser les touffes ou de le reproduire par bouturage trois jours avant une pleine lune.

LE LISERON LUNATIQUE

*La fleur du grand liseron (*Convolvulus sepium*) qui, très sensible, se ferme à la moindre averse, demeure ouverte au rayonnement lunaire. Il oriente parfois sa fleur en entonnoir pour que la lumière de lune baigne parfaitement le fond des corolles. La floraison s'en trouve ainsi prolongée. De nombreux botanistes, notamment russes et suédois, pensent que la lune masse alors les parties reproductrices de la plante, garantissant la pérennité de l'espèce.*

LILAS

MIMOSA : préfère qu'on s'en occupe, même pour couper ses tiges florales, dans les deux jours suivant le premier quartier. Ne pas respecter ces conseils nuit à peine à l'opulence des floraisons.

MUFLIER : affectionne la période du premier quartier. Couleurs de fleurs plus vives, parfum plus intense le prouvent. Il est vivement conseillé d'agir sur lui en lune ascendante.

MUGUET : on prétend en Allemagne qu'il exhale la nuit son plus délicieux parfum pour converser avec la lune.
Une autre légende germanique affirme : « Muguet de la nuit… bonheur toute l'année. » Cultivé, c'est à la pleine lune de printemps au cours de la seconde année que germent les graines. C'est aussi en pleine lune qu'on doit séparer les rhizomes pour une multiplication plus rapide.

MUGUET

MUSCARI : se plante à l'automne, juste avant la pleine lune.

MYOSOTIS : végète en touffes. Les diviser au premier quartier. Certains botanistes attribuent à la lumière « froide » de lune le fait que la couleur des fleurs de myosotis, roses d'abord, évolue ensuite vers le bleu.

NARCISSE (la **JONQUILLE** est la plus célèbre de ses nombreuses variétés) : ses bulbes fourniront des plants plus vivaces, aux fleurs plus grosses et fortes, si on plante juste après le premier quartier.

NÉNUPHAR : exige des pièces d'eau vastes et profondes. Les jardiniers doivent savoir que la dualité aérienne et aquatique impose aux plantes d'eau une « double vie ». Planter et soigner, élaguer les feuilles en lune montante. Les variétés dont les fleurs s'épanouissent à la lune préfèrent être soignées au crépuscule, mais pas, de toute façon, en plein soleil.

ŒILLET : qu'il soit de poète, de Chine, mignardise, flon, sauvage, des fleuristes, etc., gagne à être soigné en milieu de lune ascendante, autour du premier quartier. En revanche, pour le conserver plus longtemps, c'est le jour de la pleine lune ou dans les 48 heures suivantes qu'il faut couper les fleurs. Elles sont alors gorgées d'un maximum de sève et d'énergie.

ORCHIDÉE : parmi les innombrables espèces et variétés d'orchidées, dont environ 80, on l'ignore souvent, sont « spontanées » (résultant de mutations naturelles, au fil du temps), l'une, le *Cypripedium*, plus connu comme « sabot de Vénus », est sensible à la lune. Respecter sa préférence pour les cinq jours précédant la nouvelle lune. (En France, les quatrième et troisième jours.) Il semble que le jour de « sensibilisation maximale » glisse du cinquième jour avant jusqu'à celui de la nouvelle lune selon qu'elle vit plus ou moins au nord dans notre hémisphère, à une latitude plus ou moins élevée.

PASSIFLORE : a besoin de grande lumière solaire, de chaleur, d'un sol léger. On la trouve dans le Midi ainsi que sur les bords de Loire. Elle fleurit plus longtemps, de la fin du printemps à l'automne, si elle bénéficie de nuits claires et de lumière lunaire fréquente, ou si elle est née de semis ou de boutures effectués en premier quartier.

PAVOT : originaire d'Asie, doit être entretenu de préférence pendant les quatre jours qui précèdent le premier quartier et les trois jours qui suivent la pleine lune. De merveilleuses légendes asiatiques illustrent ce particularisme, dans lesquelles on voit une jolie princesse, amoureuse d'un prince un peu sorcier, lui demander une poudre magique de pavot pour endormir son père, le roi, ce qui lui permet de féeriques nuits d'amour au clair de lune.

PENSÉE : planter, soigner et protéger en première semaine de lune ascendante et les trois jours précédant la pleine lune.

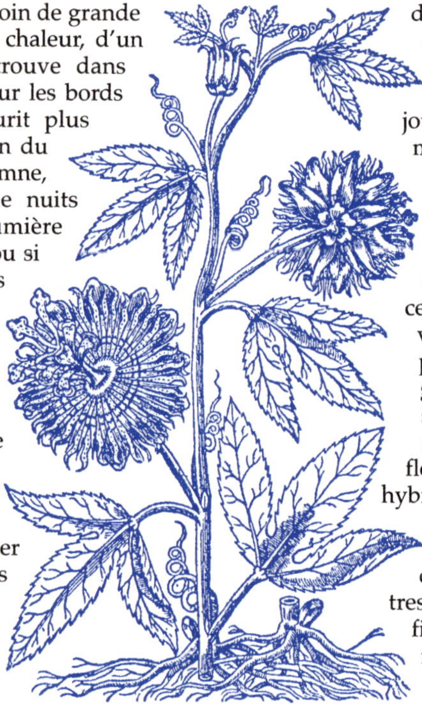

PÉTUNIA : beaucoup plus exigeant. Semis, plantation, pincement des jeunes rameaux, élimination des fleurs fanées doivent s'effectuer entre le quatrième jour qui précède et le quatrième jour qui suit le premier quartier. Une autre période favorable se situe après la pleine lune, curieusement en lune descendante, mais elle varie selon le pétunia (simple à grandes fleurs ou simple à fleurs moyennes ou à fleurs doubles). Les hybrides, notamment 'F1' et 'F2', ont d'autres particularités et d'autres moments bénéfiques ou néfastes, mais ils changent selon les sites de culture. C'est en testant les lieux envisagés et en observant les résultats sur plusieurs années qu'on apprendra comment agir.

PHLOX : moins compliqué, quelle que soit la variété considérée (elles sont très nombreuses). Il aime être semé par lune montante. Les vivaces exigent aussi d'être divisés, par touffes, juste avant le premier quartier. On prête à la lune de faire changer la couleur de certaines fleurs, celles du *Phlox*

PASSIFLORE

douglasii, par exemple, qui se veine de bleu sur fond blanc après certaines pleines lunes par nuits très claires.

PHYSALIS : appelé aussi « lanterne japonaise » ou « amour en cage », il inspire maintes légendes extrême-orientales. Ses cloches rouges bien closes craignent autant une trop forte lumière lunaire que l'ardeur du franc soleil. Il lui faut une ombre soigneusement tamisée. Un site semi-ombragé lui est indispensable. Semer, sous abri, juste à la pleine lune de mars.

PIVOINE : cette magnifique fleur à la floraison parfois trop brève aime, sauf quelques rares variétés de plein massif, des expositions semi-protégées et craint la froide lumière de pleine lune. Au contraire, on prétend au Japon et en Chine (variété 'Muh Tang') que les lunes de premier et de dernier quartier font « mûrir » ses fleurs.

POIS DE SENTEUR : à semer par lune ascendante, qu'il s'agisse de variétés hâtives, demi-hâtives ou tardives.

PRIMEVÈRE : le même conseil s'applique. Selon des horticulteurs russes, des clairs de lune intenses « massant » la plante suffisent parfois à déclencher une seconde, voire une troisième floraison annuelle, jusqu'à l'hiver.

PRUNUS : favorisé par les longues nuits de vive lune. Floraisons plus ou moins avancées au printemps, selon que les nuits de clair de lune précédentes, entre premier et dernier quartiers, ont été dégagées ou couvertes.

PYRACANTHA : appelé également « buisson ardent ». Un seul conseil : semis, repiquages, plantation doivent s'effectuer autour de la pleine lune.

PYRÈTHRE : même conseil pour cette fleur aux allures de grande marguerite multicolore.

REINE-MARGUERITE : ou « aster de Chine », demande les mêmes soins.

RENONCULE : apprécie tout autant la pleine lune.

RHODODENDRON : entre le premier et le dernier quartier, est très à l'aise selon les espèces et les coloris des fleurs. Les spécialistes sont en désaccord sur ces variations. La période entourant la pleine lune peut, toutefois, être considérée comme bénéfique.

ROSIER : très peu sensible aux influences astrales, sans doute pour s'y être trop bien adapté. Pourtant, plantations, tailles d'hiver, pincements et autres soins contre tous ennemis sont plus effi-

PIVOINE

caces avant la pleine lune. Les rosiers sont moins vigoureux, plus fragiles et fleurissent moins s'ils sont soignés n'importe quand.

SAUGE : apprécie d'être semée sous serre, repiquée, mise en place en massif juste après un premier quartier. Les quatorze jours entre le premier et le dernier quartier lui conviennent.

SAXIFRAGE : a besoin d'être baignée par de fréquents clairs de lune. Il lui faut des expositions au zénith ainsi que des sites aux nuits dégagées. Ses habitudes ont été prises par les souches originelles dans les montagnes, où elles prospèrent spontanément.

SENECIO : tranche avec l'ensemble du monde végétal : elle paraît mieux se développer si on la sème ou bouture en fin de dernier quartier, avant la nouvelle lune, au creux de la lune descendante.

SILÈNE : préfère les jours précédant le premier quartier.

SOLANUM : également appelé « pommier d'amour », aime le jour de la pleine lune qui convient au mieux à la plupart de ses forts belles variétés.

SOUCI : très florifère et si rustique ! Le semer au premier quartier de mars à juin.

STRELITZIA : plus exigeant. Il faut diviser ses touffes et les remettre en place quatre jours avant la pleine lune. La reproduction se fait par semis en espérant une lumière lunaire régulière. Attendre de quatre à huit ans qu'un plant adulte fleurisse.

TAMARIS : exige une très franche exposition solaire et lunaire. Il est sensible aux moindres variations du magnétisme terrestre. Les Chinois pensent même pouvoir se fonder sur l'observation de l'inclinaison de ses tiges pour prévoir avec quelques heures d'avance les tremblements de terre.

ROSIER

TITHONIA : très peu connu et cultivé, aux fleurs orange épanouies de juin à fin octobre, ne demande que des semis, sous abri, à la pleine lune de mai.

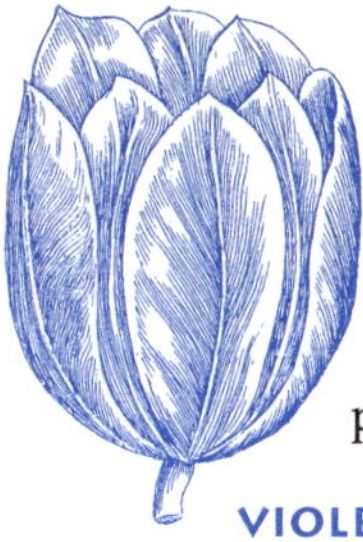

TULIPE et **TRILLIUM** (aux remarquables feuilles et fleurs en cônes) : n'exigent pas de soins impératifs. Respecter malgré tout leur sensibilisation pour la période des quatre jours entourant le premier quartier.

VIOLETTE et **ZINNIA** : ont une préférence pour le premier quartier.

LA VIGNE

Il faut distinguer les vignes à raisin de table de celles dont les grappes sont destinées à l'élaboration du vin.
Les premières sont à planter, soigner, tailler, récolter entre le premier et le dernier quartier, de préférence juste avant la pleine lune.
Si les conditions météorologiques sont défavorables, on aura intérêt à récolter dans les six jours qui précèdent et suivent le premier quartier de lune.
Les vignes destinées à la production de vin se différencient selon qu'il s'agira de vins secs, de vin mœlleux ou de vins dits de « vendanges tardives », voire de « grains nobles » ainsi qu'il est sélectionné en Alsace.
Les vignes à vins secs apprécieront d'être traitées entre la pleine lune et le dernier quartier. Les vignes à vins mœlleux préféreront le repos relatif à la nouvelle lune, soit au cours des quatre à cinq jours de part et d'autre de celle-ci.
Les vignes dont on peut espérer une « vendange tardive », voire une

TULIPES ET VIGNE

« pourriture noble », exigeront d'être traitées durant les quatre à cinq jours de part et d'autre d'un dernier quartier. Mais la qualité de la récolte dépendra des conditions météorologiques, et surtout des facteurs d'humidité et de température. Rien ne peut être garanti.

Toutefois, une pleine lune pouvant dans la plupart des lunaisons « renforcer le temps qu'il fait » ou le « modifier » totalement, c'est en fonction du temps de pleine lune que l'on avancera ou retardera de quelques jours cette période favorable, du moins en ce qui concerne la récolte.

VÉGÉTAUX EXTRAORDINAIRES

Le monde végétal comprend aussi des végétaux surprenants, que nous ne considérons pas même comme des plantes.

ALGUES : ces végétaux marins par excellence (bien que de nombreuses espèces soient aériennes et terrestres) subissent les influences lunaires et astrales. La plupart supportent mal des transplantations brutales et importantes. Les Japonais, qui cultivent des algues pour la vertu nutritive des gelées qu'ils en tirent, comme l'agar-agar, en tiennent compte. Celles-ci entrent dans la composition de nombreux de nos mets préparés (sauces, confitures, crèmes, etc.).

BACTÉRIES : nous quittons là le cadre du jardinage : personne ne cultive des bactéries dans son jardin. Pourtant, tous, jardiniers amateurs, horticulteurs, pépiniéristes, agriculteurs, sylviculteurs, nous pratiquons, sans le savoir, cette culture dans nos composts, fumures et mélanges en fermentation. C'est grâce à des bactéries que les feuilles mortes et autres déchets organiques sont décomposés et transformés. Ces bactéries se développent plus ou moins vite en suivant les phases de lune. Les terreaux de couches connaissent un maximum de fermentation, avec une température plus élevée, au moment de la pleine lune, alors que le rythme de fermentation décroît jusqu'à la nouvelle lune. Il est possible d'en tirer profit en sélectionnant certaines bactéries par les supports (feuilles ou bois) qu'elles préfèrent.

FOUGÈRE, PRÈLE, LYCOPODE et **SÉLAGINELLE** : la fougère et ses trois plantes d'affinité nous sont familières mais forment un monde à part. On ne saurait nier leur valeur esthétique. Elles sont fréquemment cultivées dans nos parcs et jardins. Toutes sont sensibles aux influences astrales qui règlent leur existence. Il y a harmonie parfaite entre leur rythme végétatif et celui du contexte (éclairement solaire et lunaire, marées locales, champ magnétique). Des problèmes apparaissent lorsqu'il y a trans-plantation. Mais ces plantes, robustes, s'acclimatent très bien après un ou deux cycles annuels de ralentissement de croissance.

GUI : comme les autres plantes parasites, est en marge du monde végétal et vit en symbiose avec son support. Nous le jugeons fort mal et nous avons tort de le considérer comme un nuisible qu'il faut détruire à tout prix. Il se nourrit de la sève de son support mais lui fournit de la nourriture, l'hiver, alors que, privé de feuilles, l'arbre est en léthargie.

LICHENS : paradoxe du monde végétal, les lichens, algues et champignons à la fois, sont encore davantage tributaires des influences subies à partir de l'espace. Ils sont sensibles aux phénomènes de marées et à la clarté lunaire. Certains physiciens les considèrent aussi, sans pouvoir en expliquer la cause, comme des « pièges à rayons cosmiques ». Il semble en effet prouvé que ces rayons soient attirés par les lichens. Ceux-ci sont plus exposés que tout autre être vivant à des collisions entre les rayons cosmiques et un grain de matière.

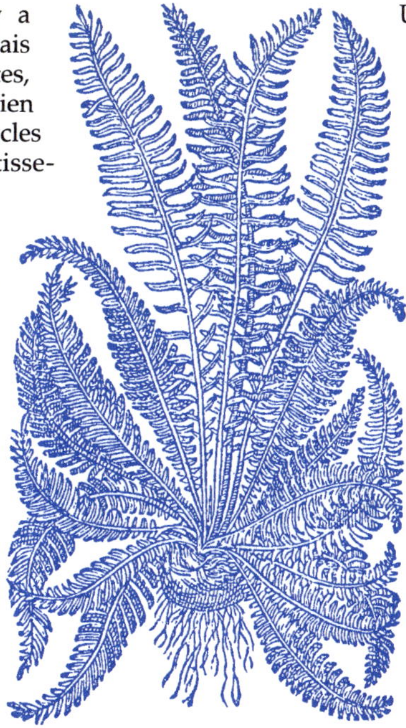

FOUGÈRE

Un respect du cycle lunaire, avec une préférence pour la phase des quatorze jours de lune ascendante ou pour la période des grandes marées d'équinoxe d'automne, semble souhaitable. Car on peut, dans un but décoratif, implanter certains lichens, de texture et de coloris variés, sur des troncs ou de vieux murs. Il est alors facile de réussir.

MOUSSES et **HÉPATHIQUES** : paraissent parfois « se nourrir de lune ». Le soleil, trop lumineux et chaud, les brûle. Elles se referment devant lui et s'épanouissent en revanche sous la clarté lunaire. Il faut en tenir compte et leur offrir une exposition appropriée, si l'on a à décorer un mur ou un tronc.

PLANTES ÉPIPHYTES : elles vivent suspendues à un arbre et se nourrissent de substances que leurs racines aériennes puisent dans l'air. Elles sont, en raison de l'étrangeté de leur position, très sensibles aux influences astrales de toutes sortes. On peut acclimater dans nos régions des plantes épiphytes provenant des jungles sud-américaines, mais cela présente beaucoup de difficultés, même si l'on reproduit le contexte (chaleur, humidité et lumière) de ces jungles dans des serres aménagées. Le facteur magnétique, même s'il est presque semblable, suffit à perturber ces « plantes suspendues ». Il est plus aisé d'acclimater des plantes épiphytes en provenance des jungles de Bornéo ou du Cameroun que d'autres venant du Zaïre.

CHAMPIGNONS : sont tous sensibles aux rythmes de la lune. Certains ne peuvent se passer du clair de lune, ou croissent en fonction du cycle mensuel de la lune. Même les champignons de Paris, pourtant soustraits à la lumière, vivent et croissent en phase avec le rythme local des marées.

LES CALENDRIERS DU JARDINIER

Un calendrier des travaux de la terre est indispensable pour bien comprendre les rapports de chaque intervention de l'homme sur la plante avec le cycle lunaire. En regard de chacun des travaux mentionnés, nous signalons la meilleure période lunaire pour agir.

TRAVAUX DU JARDIN POTAGER

Calendrier valable pour les climats européens moyens. Compter 15 jours d'avance pour les régions atlantique et méditerranéenne et un retard de 15 jours pour les zones d'altitude et de climat continental du nord et de l'est de l'Europe.

- Premier quartier
- Pleine lune
- Dernier quartier
- Nouvelle lune
- ••• Durée de végétation
- R Repiquage en pépinière
- P Plantation définitive
- — Récolte et consommation
- ● Mois de l'opération culturale indiquée

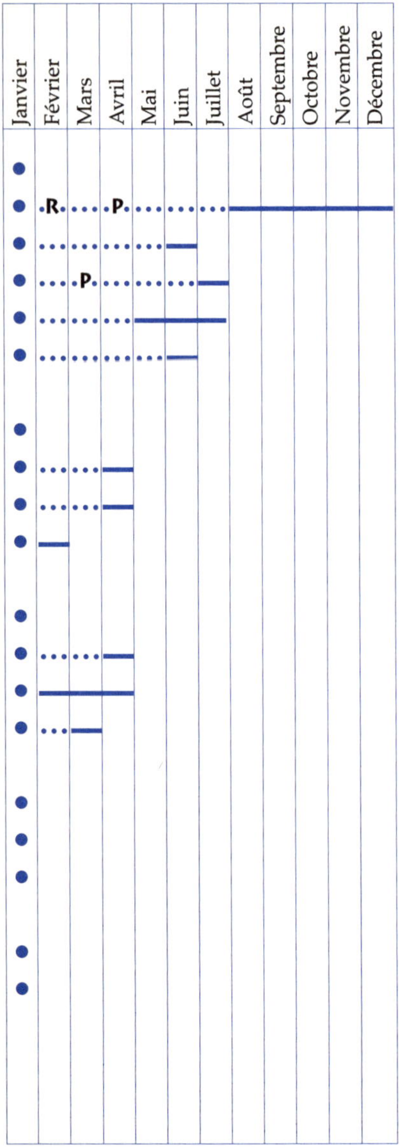

JANVIER

Semer, sur couche, en pépinière :

céleri à côtes

chou type Milan

chou-fleur hâtif

concombre à forcer

poireau, court ou long

Semer sur couche, en place :

carotte à forcer

navet à forcer

radis à forcer

Planter sur couche, en place :

chou-fleur nain hâtif

estragon et ciboulette

laitue 'Gotte'

Enfoncer

ail, échalote, oignon

soulevés par les gelées.

Égermer

les semences de pomme de terre.

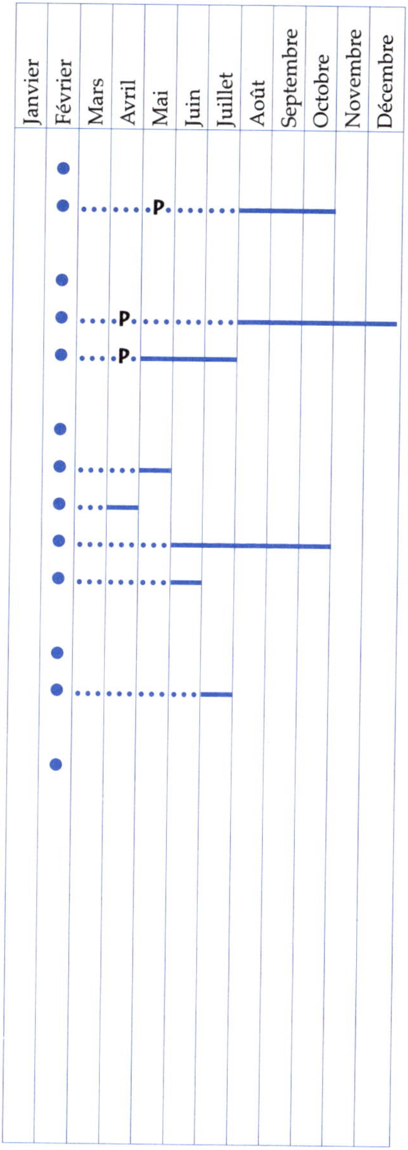

FÉVRIER

Semer sur côtière, en pépinière :

poireau

Repiquer sur couche, en pépinière :

céleri à côtes

concombre à forcer

Semer en plein air, en place :

cerfeuil

épinard de printemps

persil

pois nain précoce

Planter en plein air, en place :

échalote

Labourer et fumer
les plates-bandes à planter
prochainement.

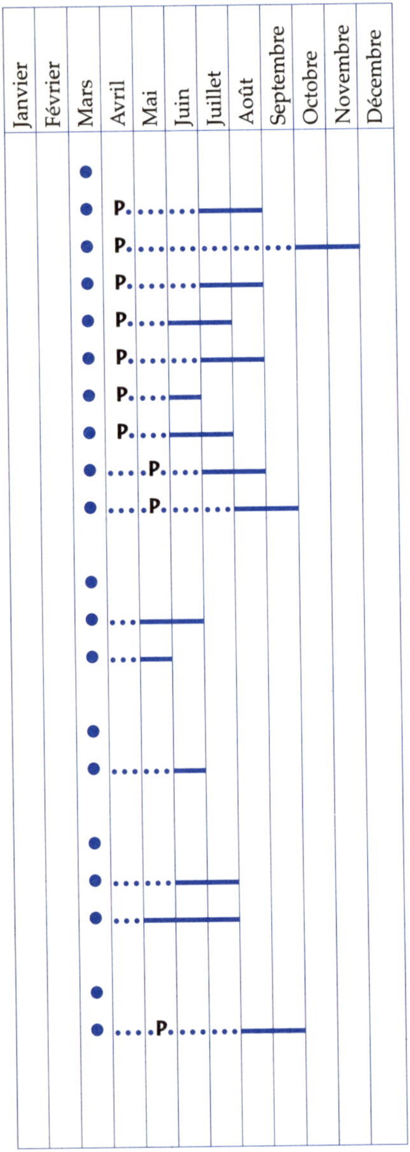

MARS

Semer sur couche, en pépinière :

aubergine
céleri-rave
chicorée frisée
concombre
chou de Bruxelles, chou-fleur
laitue d'été
melon charentais
tomate hâtive 'Fournaise'
tomate 'Marmande'

Semer sur couche, en place :

carotte à forcer
navet, radis à forcer

Semer sous châssis froid, en place :

haricot 'Triomphe des châssis'

Repiquer sur couche, en place :

chou-fleur hâtif
concombre à forcer

Semer en plein air, en pépinière :

chou type Milan

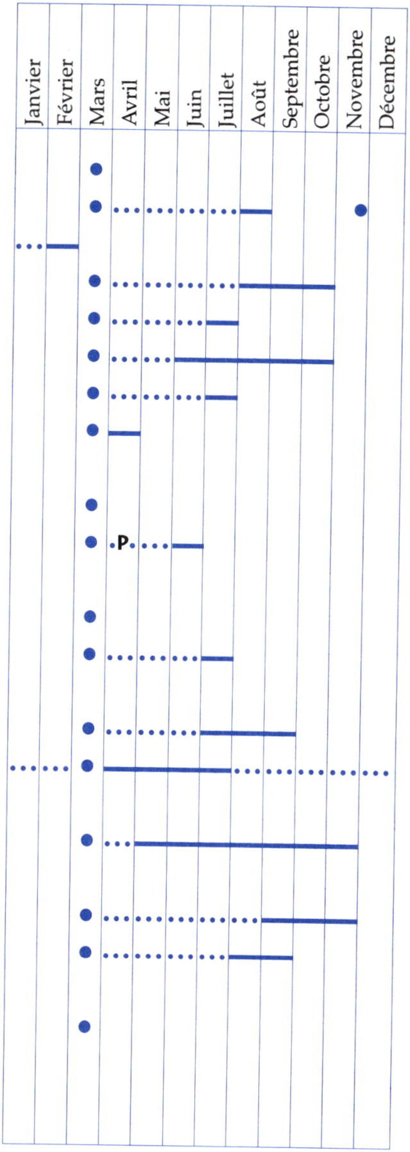

MARS

Semer en plein air, en place :

carotte demi-longue

épinard de printemps

fève

oignon (pour récolte d'oignon grelot)

persil

pois à rames

radis de printemps

Repiquer en plein air, en pépinière :

chou type Milan

Planter en plein air, en place :

ail blanc (si la plantation n'a pas été faite en novembre)

artichaut

asperge (production après trois ans de culture)

ciboulette, estragon, oseille, thym (diviser les touffes)

fraisier des quatre-saisons

fraisier à gros fruits remontants

Terminer les labours.

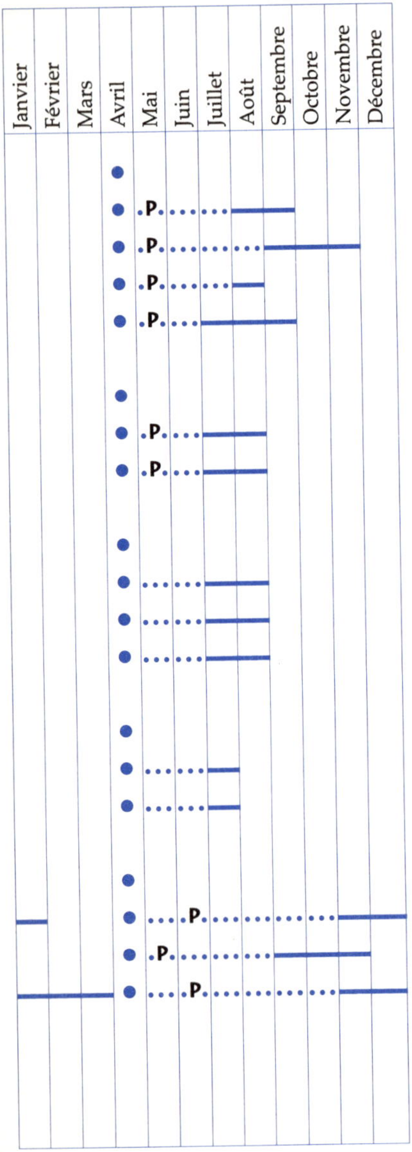

AVRIL

Semer sur couche, en pépinière :

aubergine

cardon

melon charentais

tétragone

Semer sous châssis froid, en pépinière :

chicorée frisée d'été

chicorée scarole d'été

Planter sur couche, en place :

aubergine

concombre

melon charentais

Planter sous châssis froid, en place :

laitue d'été

laitue romaine d'été

Semer en plein air, en pépinière :

chou type Milan

chou-fleur

chou rouge

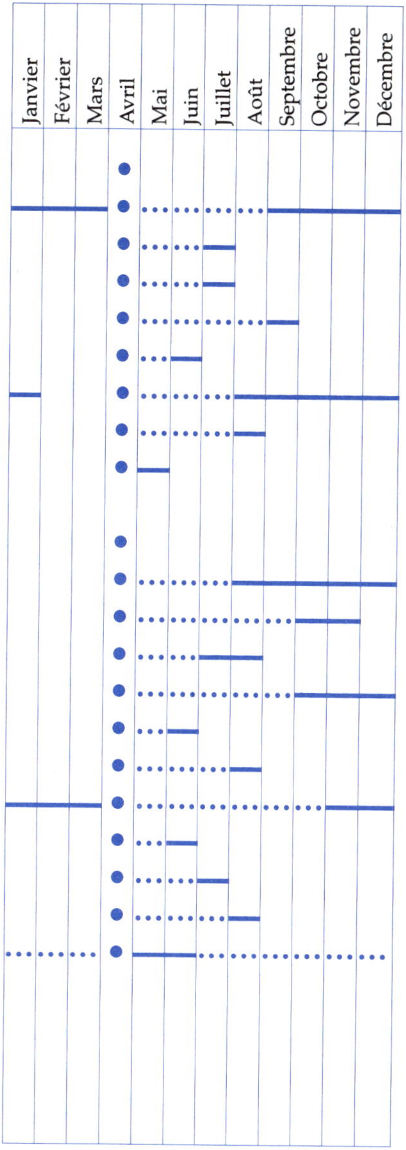

AVRIL

Semer en plein air, en place :

betterave rouge ronde
épinard d'été
haricot en filets (abriter)
haricot en grains (abriter)
navet demi-long
panais
pois à rames à grand développement
radis de printemps et d'été

Planter en plein air, en place :

céleri à côtes
céleri-rave
chicorée frisée
chou de Bruxelles
chou type Milan
chou-fleur
crosne du Japon
poireau
pomme de terre hâtive
pomme de terre de saison
rhubarbe (récolte l'année suivante)

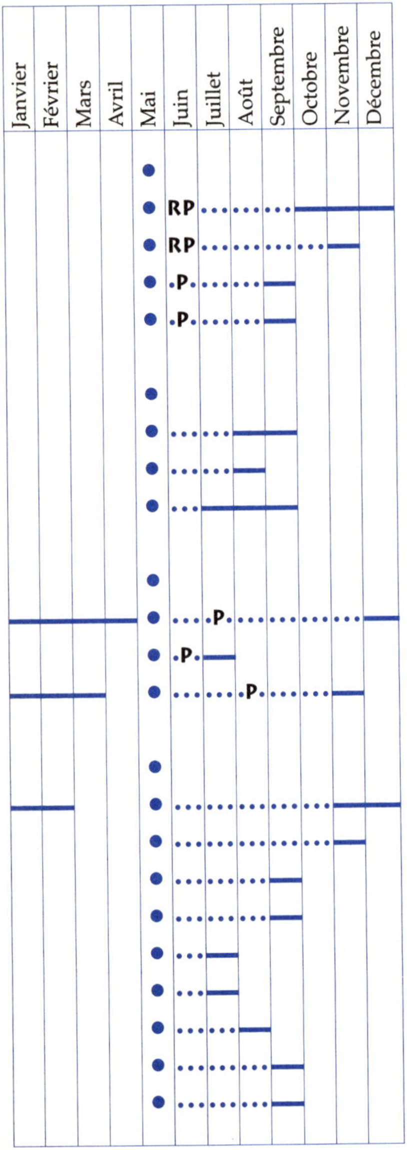

MAI

Semer sur vieille couche, en pépinière :

céleri à côtes

céleri-rave

chicorée frisée d'été

chicorée scarole

Planter sur vieille couche, en place :

aubergine

melon charentais

tétragone

Semer en plein air, en pépinière :

chou Milan d'hiver

laitue d'été

poireau à grand développement

Semer en plein air, en place :

carotte demi-longue

chicorée endive ou 'Witloof'

cornichon

courge

épinard d'été

haricot beurre

haricot mangetout

haricot Soissons

haricot à grains rouges

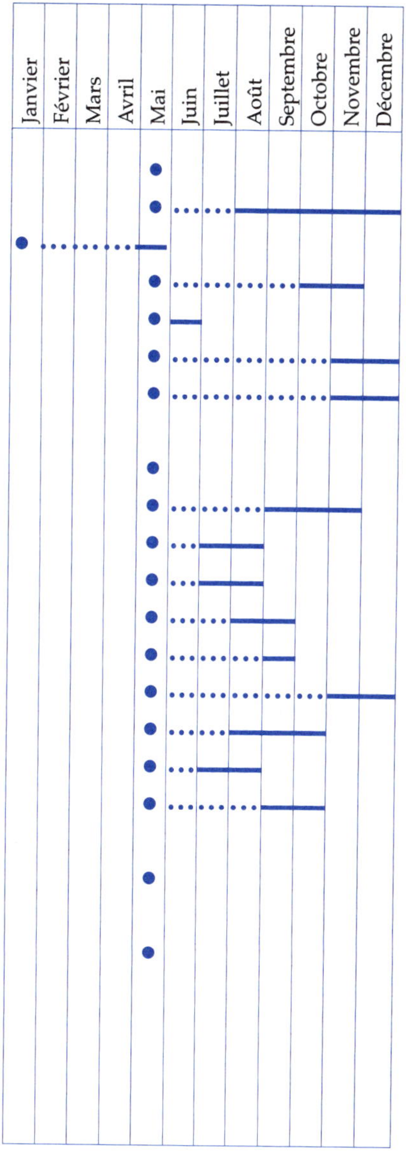

MAI

Semer en plein air, en place :

poirée

pois à rames

potiron

radis d'été

salsifis

scorsonère

Planter en plein air, en place :

cardon

chicorée frisée d'été

chicorée scarole d'été

chou type Milan

chou-fleur

igname de Chine

poireau

tomate hâtive 'Fournaise'

tomate 'Marmande'

Tailler les plants de melon.

Abriter les pieds
de pomme de terre hâtive.

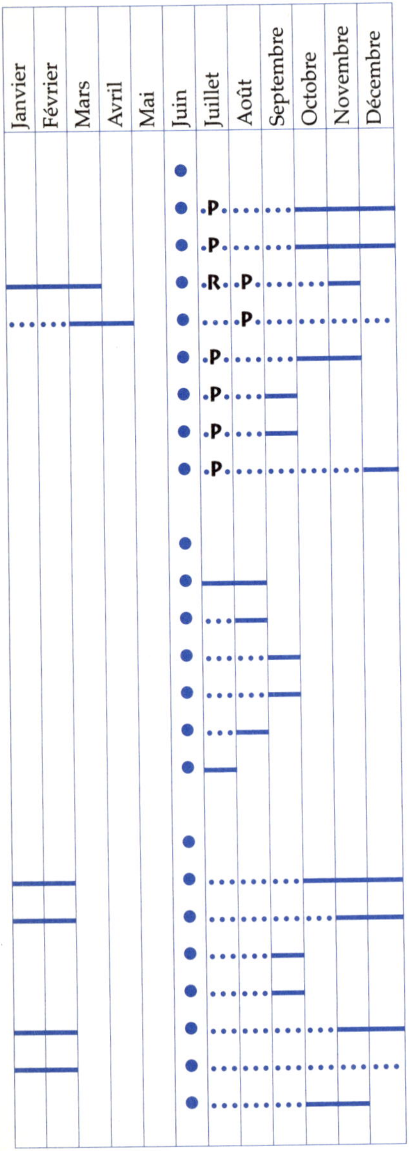

JUIN

Semer en plein air, en pépinière :

chicorée frisée d'hiver
chicorée scarole d'hiver
chou tardif à grand développement
chou-brocoli
chou-rave
laitue d'été
laitue romaine d'été
pissenlit amélioré

Semer en plein air, en place :

cerfeuil
épinard d'été
haricot pour manger en filets
haricot flageolet
navet demi-long
radis d'été

Planter en plein air, en place :

céleri à côtes
céleri-rave
chicorée frisée d'été
chicorée scarole
chou type Milan
chou de Bruxelles
chou-fleur

	Janvier	Février	Mars	Avril	Mai	Juin	Juillet	Août	Septembre	Octobre	Novembre	Décembre
JUIN												
Planter en plein air, en place :						●						
chou rouge	—	—	—			●	······	······	······	······	—	—
laitue d'été	●	—										
Tailler melon et cornichon.						●						
Tailler les plants de tomate.						●						
JUILLET												
Semer en plein air, en pépinière :							●					
chicorée frisée d'hiver	—	—	—				●	.P.	······	······	······	—
chicorée scarole d'hiver	—	—	—				●	.P.	······	······	······	—
Repiquer en plein air, en pépinière :							●					
chou tardif à grand développement	—	—	—				●	.P.	······	······	······	—
Prélever les stolons de fraisier.							●					
Semer en pleine terre, en place :							●					
épinard d'été							●	···	—			
haricot pour manger en filets							●	······	······	—		
haricot beurre							●	······	······	—		

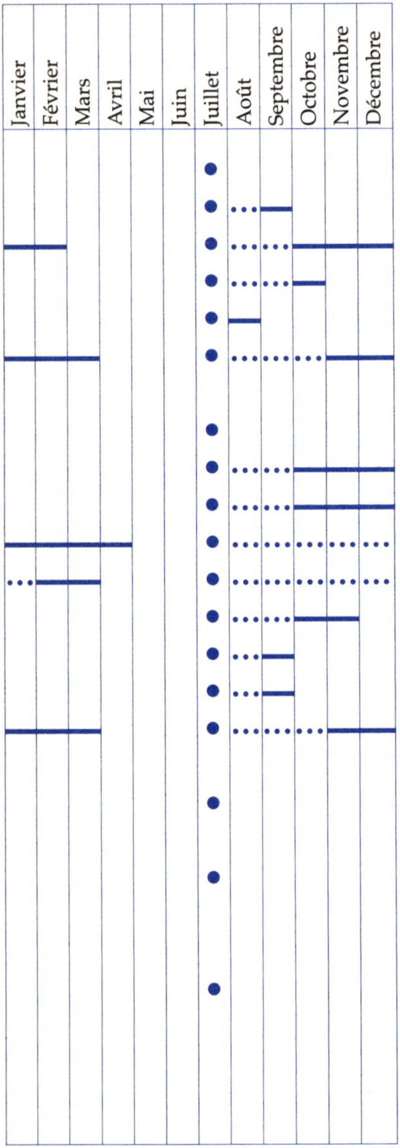

JUILLET

Semer en pleine terre, en place :

navet demi-long

persil

pois à rames à grand développement

radis d'été

radis noir long

Planter en pleine terre, en place :

chicorée frisée d'hiver

chicorée scarole d'hiver

chou Milan d'hiver

chou de Bruxelles

chou-rave

laitue d'été

laitue romaine d'été

pissenlit amélioré

Tailler melon et tomates.

Diviser les touffes de fraisier gaillon.

Butter les plants de haricot.

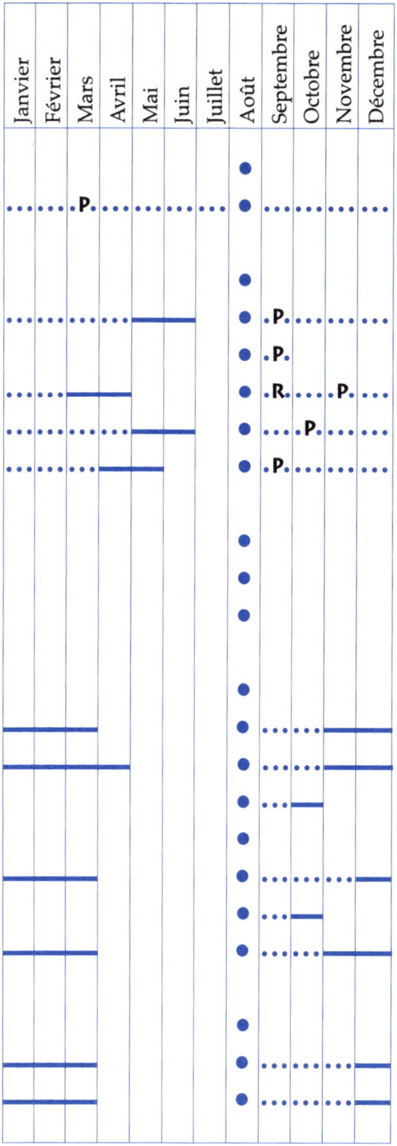

AOÛT

Planter sous châssis, en pépinière :

artichaut (récolte l'été suivant)

Semer en plein air, en pépinière :

chou très hâtif

fraisier des quatre-saisons en terrine

laitue d'hiver

oignon blanc hâtif

poireau

Repiquer en plein air, en pépinière :

fraisier à gros fruits (filets)

(récolte l'année suivante)

Semer en plein air, en place :

carotte demi-longue et longue

épinard d'hiver et de printemps

haricot pour manger en filets

(abriter dès les froids)

mâche

navet demi-long

navet long

Planter en plein air, en place :

chicorée frisée d'hiver

chicorée-scarole d'hiver

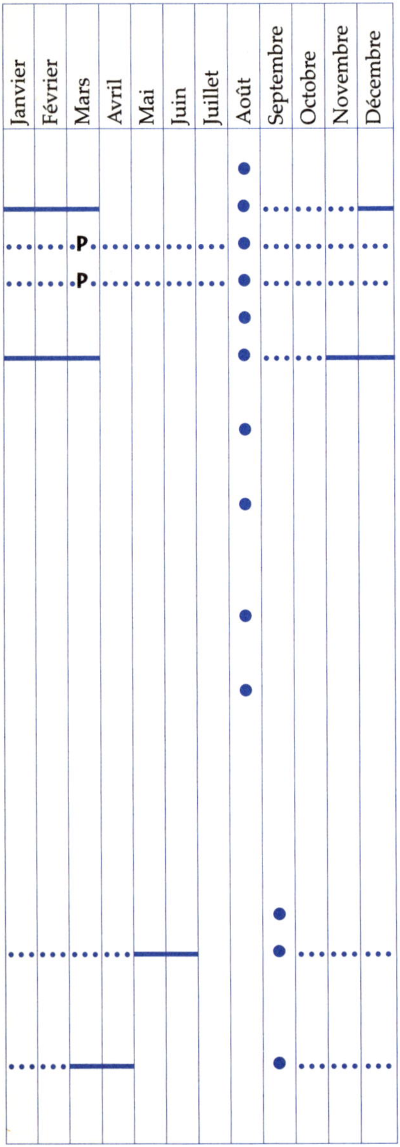

AOÛT

Planter en plein air, en place :
chou tardif à grand développement
chou-brocoli
fraisier gaillon
(récolte l'année suivante)
poireau à grand développement

Butter les plants de haricot.

Lier les pieds de chicorée frisée et scarole.

Éclater les œilletons d'artichaut.

Tailler tomate, cornichon, melon.

SEPTEMBRE

Semer sous cloche ou sous châssis, en pépinière :
chou-fleur nain hâtif

Repiquer sous cloche, en pépinière :
laitue d'hiver

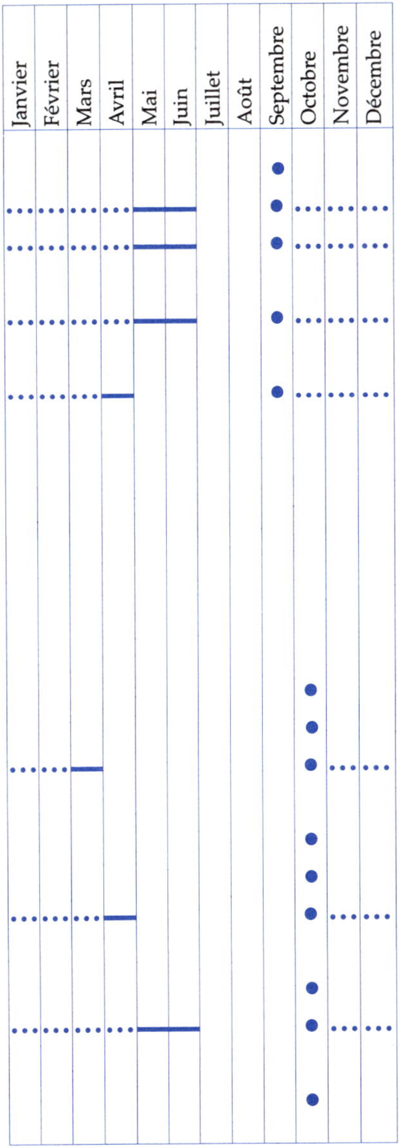

SEPTEMBRE

Planter en plein air, en place :

chou très hâtif

fraisier à gros fruits

(ou planter en mars)

fraisier des quatre-saisons

(ou planter en mars)

poireau

OCTOBRE

Semer sous cloche ou sous châssis, en pépinière :

laitue 'Gotte'

Repiquer sous cloche ou sous châssis, en pépinière :

chou-fleur nain hâtif

Planter en plein air, en place :

oignon blanc hâtif

Labourer les emplacements libres.

Janvier	Février	Mars	Avril	Mai	Juin	Juillet	Août	Septembre	Octobre	Novembre	Décembre	
										●		Planter en côtière, en place :
•••	•••	—	—							●	•••	*laitue d'hiver*
										●		Planter en plein air, en place :
•••	•••	•••	•••	•••	•••	—				●	•••	*ail blanc*
										●		Bêcher et fumer les emplacements libres.
										●		Placer en silo carottes et navets.
											●	Labourer les emplacements libres.

NOVEMBRE

Planter en côtière, en place :
laitue d'hiver

Planter en plein air, en place :
ail blanc

Bêcher et fumer les emplacements libres.

Placer en silo carottes et navets.

DÉCEMBRE

Labourer les emplacements libres.

LA LUNE COMMANDE AU JARDINIER

Affiner éventuellement la fenêtre lunaire optimale en tenant compte des indications données aux chapitres précédents.

JARDIN FRUITIER

Travaux	Janvier	Février	Mars	Avril	Mai	Juin	Juillet	Août	Septembre	Octobre	Novembre	Décembre
Préparer le sol pour les plantations de printemps : défoncements, fumures de fond, apport de bonne terre.	●●	●										
Labourer le sol du verger après la taille quand le temps le permet.	●●	●●										
Tailler les groseilliers et framboisiers.	●	●●	●									
Poser des auvents contre les gelées au-dessus des espaliers d'abricotiers et de pêchers.		●●										
Greffer en fente, en demi-fente ou en incrustation les cerisiers et pruniers.		●●	●						●●			
Planter les arbres à noyau (meilleure époque) et les arbres à pépins en sols lourds et humides.			●●	●●								
Tailler la vigne.		●	●									
Pratiquer, si nécessaire, arcure, éborgnage, crans et incisions.		●	●●									
Enfouir les engrais de printemps.			●●									

JARDIN FRUITIER

Janvier	Février	Mars	Avril	Mai	Juin	Juillet	Août	Septembre	Octobre	Novembre	Décembre		
		●●										Éborgner, sur les poiriers, les boutons à fruits en excès et les yeux mal placés sur les prolongements.	🌜
		●	●●									Tailler et élaguer modérément les arbres à noyau, puis mastiquer les plaies.	🌜
			●●									Procéder au greffage de la vigne à l'anglaise sur table ou, dans le Midi, en place.	🌝 *ou* 🌜
			●●									Faire des incisions longitudinales sur la tige des arbres languissants ou gommeux.	🌝
			●●									Mettre en place dans les vergers les dispositifs antigel (auvents, toiles, réchauds, etc.).	🌝
			●●	●								Greffer les pommiers et poiriers en coulée pour reformer des coursonnes.	🌝 *ou* 🌜
			●●	●								Surgreffer en couronne les cultivars de pommier, poirier, cerisier, prunier, de qualité médiocre ou non fertiles.	🌝 *ou* 🌜
			●	●●		●●	●●	●●				Procéder aux opérations successives de taille lorette sur les arbres vigoureux non taillés en hiver.	🌝 *ou* 🌜
				●●								Ébourgeonner les pêchers, poiriers, pommiers et la vigne.	🌝

JARDIN FRUITIER

Travaux	Lune	Janvier	Février	Mars	Avril	Mai	Juin	Juillet	Août	Septembre	Octobre	Novembre	Décembre
Pincer la vigne, le poirier, le pommier, sans toucher aux prolongements.	🌝 ou ☾					●	●●	●●	●●	●			
Ameublir et nettoyer le sol du verger.	🌝 ou ☾						●●	●●					
Faire des incisions annulaires sur les sarments fructifères de vigne, à 4 cm sous les grappes, pour hâter la maturité.	🌝						●●	●●					
Semer les engrais verts (ray-grass italien, serradelle, vesce).	🌝 ou ☾							●●					
Greffer par approche les pêchers et la vigne pour garnir les vides sur les charpentières.	🌝 ou ☾							●●	●●				
Tailler en vert les arbres à noyau, notamment les pêchers, après la récolte.	🌝 ou ☾							●●	●●	●			
Semer les engrais verts (colza, moutarde, navette, trèfle incarnat).	🌝								●●				
Élaguer abricotiers, cerisiers, noyers.	🌝 ou ☾								●●				
Greffer des boutons à fruits d'un même cultivar, sur poiriers et pommiers peu fertiles.	🌝 ou ☾								●●	●●			
Préparer le terrain pour les plantations d'automne : défoncement (explosifs en sol sec), drainage, sous-solage, amendement, fumure.	☾								●●	●●	●●		

JARDIN FRUITIER

Janvier	Février	Mars	Avril	Mai	Juin	Juillet	Août	Septembre	Octobre	Novembre	Décembre	
								●●				Semer de la féverole en sol lourd. 🌑
								●	●●			Combler, 3 semaines à l'avance, les trous de plantation en mélangeant du fumier (éviter de le mettre au contact des racines). 🌑
								●	●●	●●	●	Planter les arbres, sauf en sols argileux et humides. 🌕 *ou* 🌜
●●										●●	●●	Procéder aux fumures d'entretien et aux labours d'hiver au pied des arbres adultes. 🌕 *ou* 🌜
●●	●●									●●	●●	Planter et transplanter si le temps et le sol sont favorables. 🌑
●●	●●									●●	●●	Tailler et élaguer les poiriers et les pommiers, sauf s'il gèle ou s'il neige. 🌕 *ou* 🌜
											●●	Semer un engrais vert (fenugrec). 🌕 *ou* 🌜
●●											●●	Prélever des rameaux, greffons et les mettre en jauge, bien étiquetés, contre un mur exposé au nord. 🌑
●●											●●	Récolter les nids de chenilles 🌜 *ou* 🌑 et les incinérer.
	●●										●●	Rabattre à l'avance les branches des arbres à pépins qui doivent être regreffés en couronne, en fente ou en incrustation. 🌕 *ou* 🌑

JARDIN D'ORNEMENT

Janvier	Février	Mars	Avril	Mai	Juin	Juillet	Août	Septembre	Octobre	Novembre	Décembre	
●●												Semer en serre les *Begonia, Senecio, Cineraria, Centaurea candidissima.*
●●	●●											Mettre en végétation les vieux pieds de dahlias, soit en serre sur tablette, soit sur couche en vue de provoquer l'émission de boutures. *à*
●●	●●											Élaguer les arbres, éliminer le bois mort et supprimer les branches inutiles. *ou*
●●	●●	●●										Rentrer à mesure des besoins les plantes bulbeuses à forcer. *ou*
●●	●●	●●										Semer les plantes annuelles en terrine ou en godet. *à*
●●	●●	●●										Diviser les souches de *Canna* hivernées et les placer en godets sur couche ou en serre. *à*
●●	●●	●●	●●									Bouturer les plantes molles.
●●	●●	●●	●●									Semer les plantes molles qui se reproduisent ainsi fidèlement.
	●●	●●										Mettre en végétation en serre et sur couche chaude les tubercules de bégonias tubéreux et multiflores. *à*

JARDIN D'ORNEMENT

Janvier	Février	Mars	Avril	Mai	Juin	Juillet	Août	Septembre	Octobre	Novembre	Décembre	
	●●	●●										Labourer à la fourche-bêche le sol des bosquets et des massifs d'arbustes (après plantation et taille).
	●●	●●										Mettre en place les plantes bisannuelles si cette opération n'a pas été faite à l'automne.
	●●	●●										Mettre en place les plantes vivaces à floraison automnale (*Aster, Helianthus, Rudbeckia, Helenium*, etc.).
	●●	●●	●●									Dès que les jeunes pousses de dahlias, sur les souches mises en végétation, auront atteint 10 cm, les séparer, de préférence en leur laissant un talon, et les repiquer directement en godets.
	●●	●●	●●									Multiplier les plantes vivaces en divisant les touffes si l'opération n'a pas été faite à l'automne.
	●●	●●	●●									Empoter les plantes molles bouturées, au fur et à mesure de la reprise.
		●●										Tailler les rosiers remontants et *Floribunda*, apporter des engrais et pratiquer un léger labour à la fourche-bêche.
		●●	●●									Semer le gazon sur les pelouses nouvelles, terreauter et rouler.

JARDIN D'ORNEMENT

Janvier	Février	Mars	Avril	Mai	Juin	Juillet	Août	Septembre	Octobre	Novembre	Décembre	
		●●	●●									Découper les bordures des pelouses.
		●●	●●									Semer les plantes annuelles en pépinière, en plein air, dans une partie bien exposée du jardin (à échelonner suivant la rapidité de croissance des plantes et leur résistance au froid), terreauter et arroser.
		●●	●●									Bouturer les chrysanthèmes à l'aide de pousses prélevées sur les vieux pieds (hivernés sous châssis froids), en godets, sur couche ou en serre.
	●●	●●	●●									Semer les plantes annuelles en pleine terre.
	●●	●●	●●									Repiquer les plantes molles de semis sous châssis.
	●●	●●	●●									Pincer à 3 feuilles les boutures de dahlias afin de les faire ramifier.
	●●	●●	●●									Mettre en place les plantes bulbeuses ou tubéreuses à floraison estivale (*Montbretia*, glaïeul, dahlia — en tubercule —, *Tigridia*, etc.).
			●●									Semer les plantes vivaces (ancolie, delphinium, lupin, etc.). Multipliées par ce procédé, elles ne fleuriront que l'année suivante.

JARDIN D'ORNEMENT

Janvier	Février	Mars	Avril	Mai	Juin	Juillet	Août	Septembre	Octobre	Novembre	Décembre	
			●●	●●								Repiquer en godets les plantes annuelles supportant mal la transplantation (pétunia, phlox, verveine, etc.), ou en planche les plantes faciles à transplanter (reine-marguerite, œillet d'Inde, zinnia, souci, etc.). *à*
			●●	●●								Mettre en place les plantes annuelles au fur et à mesure de leur développement en pépinière.
			●●	●●	●●							Rempoter les boutures racinées de chrysanthème et enterrer les godets sous châssis à froid.
			●●	●●	●●	●●						Mettre les bulbes de glaïeul en place toutes les 3 semaines afin d'échelonner la floraison. *à*
			●●					●●				Tailler les haies. *ou*
				●●	●●							Arracher si nécessaire et mettre en jauge les plantes bulbeuses dont le feuillage n'est pas encore sec. Mettre les autres en caisse dans un endroit sain et aéré. *ou*
				●●	●●							Pincer les chrysanthèmes cultivés pour la fleur coupée ou la potée fleurie.
				●●	●●	●●						Pincer les chrysanthèmes à massif.

JARDIN D'ORNEMENT

Janvier	Février	Mars	Avril	Mai	Juin	Juillet	Août	Septembre	Octobre	Novembre	Décembre	
				●	●							🌑 *à* 🌓 Après labour et fumure du sol, dressement et traçage, planter les corbeilles et plates-bandes de plantes annuelles et de plantes molles. Commencer par les plus résistantes (géranium, fuchsia, *Lantana, Canna,* calcéolaire, etc.) et terminer par les plus fragiles (*Coleus, Iresine, Alternanthera,* etc.). Arroser et, dès que le sol est réchauffé, appliquer de préférence un paillis de fumier décomposé.
				●	●	●						🌑 *à* 🌓 Semer en pépinière, en plein air ou sous châssis froids maintenus soigneusement ombrés pendant les heures de forte insolation les plantes bisannuelles, en échelonnant le semis suivant leur rapidité de croissance (campanule-carillon, œillet des poètes, digitale, rose trémière, giroflée-ravenelle, pensée, myosotis, pâquerette, etc.). Terreauter et arroser.
					●							🌑 *à* 🌕 Mettre en place les plantes aquatiques.
					●	●						🌕 *ou* 🌗 Tailler après floraison les arbustes fleurissant sur le bois de l'année précédente.

JARDIN D'ORNEMENT

Janvier	Février	Mars	Avril	Mai	Juin	Juillet	Août	Septembre	Octobre	Novembre	Décembre	Travaux	Lune
					●●	●●						Mettre directement les chrysanthèmes en pleine terre si le rempotage n'est fait qu'au moment de l'utilisation.	
						●●						Rentrer les plantes bulbeuses mises en jauge dans un local sain, après les avoir débarrassées des enveloppes desséchées qui adhèrent au bulbe.	ou
						●●	●●					Tailler les rosiers sarmenteux (dépalissage, suppression du vieux bois, palissage).	ou
						●●	●●					Repiquer en planche les bisannuelles.	
						●●	●●					Mettre en place les vivaces à floraison printanière (lis blanc, pivoine, doronic, arabette, *Aubrietia*, etc.).	à
						●●	●●	●●				Éboutonner les hampes florales de dahlias.	ou
						●●	●●	●●	●●			Ébourgeonner les chrysanthèmes.	ou
							●●					Bouturer les plantes molles, à l'étouffée, sous châssis froid.	
							●●	●●				Bouturer les *Pelargonium*.	
							●●	●●				Rempoter les chrysanthèmes destinés à faire des potées fleuries.	

JARDIN D'ORNEMENT

Janvier	Février	Mars	Avril	Mai	Juin	Juillet	Août	Septembre	Octobre	Novembre	Décembre		
						●●	●●					Repiquer en pépinière les plantes bisannuelles.	
						●●	●●					Aérer les boutures de plantes molles dès leur reprise, les pincer.	
							●●					Mettre en pot les pieds mères de plantes molles, les enterrer dehors dans des coffres, les ombrer.	
							●●	●●				Semer les primevères des jardins en pleine terre sous châssis à froid, les abriter pendant les grands froids par des paillassons.	ou
							●●	●●				Bouturer sous châssis froid, en pleine terre, les calcéolaires rugueuses et les santolines pour l'hivernage.	
							●●	●●				Semer en place les plantes résistant à l'hiver (pavot, bleuet, pois de senteur, pied d'alouette, etc.).	
								●●				Planter les chrysanthèmes à massifs.	
								●●				Multiplier les plantes vivaces par éclatage ou division de touffes et les planter.	ou
		●●	●●					●●				Planter les arbres et arbustes à feuilles persistantes, les résineux et les plantes de terre de bruyère.	

JARDIN D'ORNEMENT

Janvier	Février	Mars	Avril	Mai	Juin	Juillet	Août	Septembre	Octobre	Novembre	Décembre	
									●●			Mettre en caissettes les bulbes à soumettre au forçage et enterrer les caissettes en plein air sous 10 cm de terre légère. *ou*
									●●	●●		Mettre en place les plantes bulbeuses à floraison printanière (tulipe, jacinthe, narcisse, crocus, scille, etc.).
									●●	●●		Mettre en place les plantes bisannuelles.
●●										●●	●●	Arracher les arbres et arbustes morts ou dépérissants en vue de leur remplacement.
●●	●●									●●	●●	Défoncer le sol en vue des nouvelles plantations. Labourer profondément les pelouses usées ou défectueuses en incorporant préalablement une fumure.
●●	●●									●●	●●	Tailler les arbres fleurissant sur le bois de l'année.
●●	●●	●●								●●	●●	Planter les arbres, arbustes, plantes grimpantes à feuillage caduc, y compris les rosiers.

PEPINIÈRE

Janvier	Février	Mars	Avril	Mai	Juin	Juillet	Août	Septembre	Octobre	Novembre	Décembre		
●●	●●											Procéder au greffage à l'anglaise compliquée (généralement greffe-bouture sur table de la vigne et stratification sur bâche chauffée).	
●●	●●											Tailler les arbres en formation.	ou
●●	●●											Rabattre les arbres-tiges greffés l'année précédente.	
	●●	●●										Labourer les carrés plantés.	
	●●	●●										Bouturer les arbustes à feuilles caduques, avec rameaux non feuillés (*Ribes*, forsythia, *Deutzia*, troène, etc.).	
	●●	●●										Planter le jeune plant porte-greffe.	
	●●	●●										Planter les plants d'ornement, les scions d'arbres fruitiers pour formation de fuseaux et palmettes.	
	●●	●●										Contreplanter les arbres formés (fruitiers et d'ornement).	
		●●	●●									Semer les graines d'arbres et d'arbustes.	
		●●	●●	●●								Greffer en fente et variantes (pommier, poirier, cerisier, etc.).	ou
			●●									Semer les noyaux, les amandes et les pépins après stratification.	

PÉPINIÈRE

Janvier	Février	Mars	Avril	Mai	Juin	Juillet	Août	Septembre	Octobre	Novembre	Décembre	Travaux	
			●●	●●								Greffer en couronne et variantes.	
				●●								Marcotter par couchage (vigne, figuier, glycine, etc.).	
				●●	●●							Écussonner à œil poussant.	
					●●							Marcotter par buttage (cognassier, paradis jaune).	ou
					●●	●●						Bouturer les arbustes à feuilles caduques, avec rameaux feuillés, sous cloche (en plein soleil), bassiner fréquemment (rosier, etc.).	ou
						●●	●●					Former les arbres (ébourgeonnage, dressement, pincement, pose de lattes, palissage).	ou
						●●	●●	●●				Écussonner à œil dormant.	ou
							●●	●●				Bouturer les arbustes à feuilles persistantes (*Aucuba, Viburnum* à feuilles persistantes, laurier-cerise, etc.).	ou
									●●	●●		Étêter les sujets greffés (10 cm au-dessus de la greffe).	
									●●	●●	●●	Fumer, défoncer et niveler les carrés avant plantation.	
●●									●●	●●	●●	Stratifier les amandes, noyaux, pépins, en terrines sous châssis ou dans des locaux sains à température basse et constante.	

PÉPINIÈRE

Janvier	Février	Mars	Avril	Mai	Juin	Juillet	Août	Septembre	Octobre	Novembre	Décembre	
										●●	●●	Sevrer les marcottes.
●●											●●	Récolter les greffons, les boutures, les conserver en bottes et les mettre en jauge dans un endroit exposé au nord à l'abri du soleil.

SERRE SUR PLANTES ORNEMENTALES

Janvier	Février	Mars	Avril	Mai	Juin	Juillet	Août	Septembre	Octobre	Novembre	Décembre	
●●												Semer les plantes à floraison estivale, en terrine, en serre chaude (*Goxinia, Streptocarpus*, etc.).
	●●	●●										Rempoter les plantes de serre chaude et de serre tempérée (aracées, fougères, broméliacées) et profiter de cette opération pour effectuer les divisions de touffes. *ou*
	●●	●●										Rempoter les *Oncidium, Vanda, Dendrobium*.
	●●	●●										Semer les plantes de serre froide (acacia, eucalyptus, etc.) en serre tempérée. *ou*
	●●	●●	●●									Bouturer, dans un but de rajeunissement, les plantes herbacées à feuillage et les plantes semi-ligneuses ayant le défaut de se dégarnir à la base.

SERRE SUR PLANTES ORNEMENTALES

Janvier	Février	Mars	Avril	Mai	Juin	Juillet	Août	Septembre	Octobre	Novembre	Décembre	
	●●	●●	●●									Bouturer les plantes grasses (*Kalanchoe, Crassula*) en terre sableuse.
		●●	●●									Rempoter et tailler les plantes de serre froide et d'orangerie. *ou*
		●●	●●									Rempoter les cactées et les plantes grasses, attendre 2 ou 3 jours pour mouiller les plantes nouvellement rempotées. *ou*
		●●	●●	●●	●●							Rempoter les cattleyas et les *Cymbidium*.
		●●	●●	●●								Bouturer les cactées et euphorbiacées en ayant soin de laisser sécher la plaie pendant 4 à 5 jours ; arroser très modérément. *ou*
					●●							Rempoter les *Phalœnopsis*. *ou*
					●●							Bouturer les plantes de serre froide (*Œstrum*, etc.) à l'étouffée sous châssis froid.
							●●					Rempoter les plantes à floraison hivernale et les placer sous châssis en donnant ombrage et aération. *ou*
							●●	●●				Rempoter et mettre en végétation les plantes bulbeuses à floraison hivernale (*Nerine, Veltheimia*, etc.). *ou*
								●●				Rempoter les *Miltonia* et les *Odontoglossum*. *ou*

CONCLUSION

LES FASTES DE LA LUNE

Cet ouvrage avait pour ambition de faire comprendre que notre satellite, la Lune, influe sur l'ensemble du monde végétal. Toute plante subit les influences astrales. Le jardinier a sélectionné ses « bons jours lunaires ». Il doit tenir compte de ses journées néfastes.

Cet ouvrage met en évidence l'essentiel des particularismes de la plupart des végétaux cultivés (arbres, céréales et plantes fourragères, légumes et arbres fruitiers, plantes à fleurs et autres). Il suffit d'un minimum d'attention pour en tenir compte et obtenir un meilleur rendement au jardin.

Certaines personnes, scientifiques et non scientifiques, se drapant dans un cartésianisme excessif, veulent ignorer l'influence lunaire sur les végétaux. Jusqu'à présent leur argument majeur était qu'on ne pouvait la démontrer. Or, les faits existent indubitablement et l'usage populaire les a entérinés bien avant que l'affinement de nos procédés d'enregistrement, de nos analyses physico-chimiques, de nos connaissances sur les équilibres de ce trio que forment le Soleil, la Terre et la Lune commencent à expliquer les rapports entre les phases lunaires et les plantes. Aucun doute ne peut subsister.

Observer la Lune et calquer notre comportement sur les messages qu'elle nous transmet, c'est associer sagesse et tradition.

Crédits photographiques :
Page 24 : Photo Observatoire de Paris

Conception graphique et mise en page :
Daniel Leprince

Achevé d'imprimer en février 1997
sur les presses de Pollina, 85400 Luçon
N° d'édition : FX 141813 - Dépôt légal : février 1997 - N° d'impression : 71365